管好你的坏脾气

文竹 著

当代世界出版社
THE CONTEMPORARY WORLD PRESS

图书在版编目（CIP）数据

管好你的坏脾气 / 文竹著 . -- 北京 : 当代世界出版社, 2019.5（2024.4重印）

ISBN 978-7-5090-1474-5

Ⅰ . ①管… Ⅱ . ①文… Ⅲ . ①情绪—自我控制—通俗读物 Ⅳ. ①B842.6-49

中国版本图书馆 CIP 数据核字 (2018) 第 259253 号

书　　名：管好你的坏脾气
出版发行：当代世界出版社
地　　址：北京市东城区地安门东大街70-9
网　　址：http://www.worldpress.org.cn
编务电话：（010）83908456
发行电话：（010）83908410
经　　销：全国新华书店
印　　刷：三河市新科印务有限公司
开　　本：710毫米 × 1000毫米　1/16
印　　张：15.5
字　　数：200千字
版　　次：2019年7月第1版
印　　次：2024年4月第2次
书　　号：ISBN 978-7-5090-1474-5
定　　价：39.80元

序 言

优秀的人从来不会乱发脾气

人一辈子犯的错，80% 是因为乱发脾气。因为无法忘记一次小小的非议而大打出手，因为无法承受一次小小的责难而毁了自己的事业，这样的情形屡见不鲜。显然，最强大的气场、最成功的人生和最幸福的活法，都来自最淡定的心灵。

生活中，我们会遇到各种问题，陷入各种困境，不可避免地要面对各种不如意的人和事。为什么有的人能够坦然面对、突出重围，有的人却乱发脾气、找不到头绪？区别在于，你是否能够在关键时刻掌控情绪，在管好心情的基础上理好人情，最终办好事情。

一个人脾气暴躁、乱使性子就容易思维混乱、判断失常、能力降低、失去水准……最终败给自己。优秀的人从来不会乱发脾气，他们内心淡定，无论面对怎样糟糕、复杂的局面，都能避免情绪失控、心理失衡，从而对事物形成客观公正的认知，作出科学合理的判断，找到解决问题的有效方法和行动策略。

喜悦、幸福、感恩等正面情绪令人愉悦；愤怒、悲伤、仇恨、恐惧等负面情绪让人苦闷、烦恼，甚至失控。努力掌控情绪，成为一个成熟稳重、不乱发脾气的人，待人接物保持良好的心境，有助于开阔思路、高效行动。反之，一个人过于情绪化，有一点儿风吹草动就表现在脸上，注定撑不起场面，很难有大的作为。

早上起床后，卡斯丁照例开始洗漱，随手把高档手表放在洗漱台的旁边。妻子担心手表被水淋湿，于是拿起来放到了餐桌上。儿子走过来，准备拿餐桌上的面包，不小心将手表碰到地上，手表摔坏了。

卡斯丁心疼地看着手表，顿时火冒三丈，不容分说地打了儿子的屁股，然后开始责骂妻子。妻子觉得很委屈，一再解释自己是担心水把手表弄湿了。然而，卡斯丁反驳说，手表是防水的。就这样，两个人争吵起来。

真是一个郁闷的早晨，卡斯丁没有心情吃早餐了，直接开车去公司上班。到公司楼下，他突然想起忘了带公文包，于是急忙返回家。妻子上班去了，儿子上学去了，钥匙放在公文包里，卡斯丁被挡在门外，只好打电话向妻子求助。

妻子急匆匆地往家里赶，慌乱中撞翻了路边的水果摊。摊主一再纠缠，她赔了钱才脱身。盼来妻子，开门拿到公文包，卡斯丁又匆忙赶回公司，结果迟到一个小时。他遭到了上司的严厉批评，心情坏到了极点。

在上面的故事中，手表摔坏是一个偶发事件，当事人乱发脾气，结果引发了后面一系列糟糕的经历。试想，手表摔到地上后，卡斯丁如果安慰儿子，就不会惹恼妻子，一家人就不会争吵，他也不会在慌乱中去上班……

如果连自己的脾气都控制不了，即便给你整个世界，你也早晚会全部毁掉。虽然不好的遭遇会不期而至，但是你可以抚平心绪、理性面对。显然，比能力更重要的是心理素质！一个人在社会舞台上占据什么位置，很大程度上取决于其控制情绪的能力。稳定心绪、从容不迫，才能与快乐为伴，与成功为伍。

马路边，妈妈怒气冲冲地对孩子大喊："上周过生日刚买了飞机模型，今天又要买机器人！"

一栋楼下，年轻女孩批评送外卖的小哥："你看看几点了，耽搁这么久，饭菜都凉了。我要投诉你！"

车间里，老板狠狠地训斥犯错的员工："说过多少次了，做事要小心。这个月你已经弄坏 5 台机器了，不想干就走人！"

……

上面这些人都做了相同的选择——让别人影响自己的心情。对此，安东尼·罗宾有过精辟的描述："你有什么样的感觉，你就有什么样的生活。"

谁没有一点儿脾气呢？生气了就想吵架，烦闷了就失去耐心，这是人之常情，但是，生而为人，面对不如意的人和事，面对糟糕的局面，千万不要乱发脾气，那样做会把你带入难堪的境地、痛苦的深渊。

英国作家萨克雷说："生活是一面镜子，你对它笑，它就对你笑；你对它哭，它也对你哭。如果我们心胸豁达、心态乐观，就能够看到生活中光明的一面，即使在漆黑的夜晚，也知道星星仍在闪烁。"

目 录

第一辑 脾气法则

第二辑 情绪控制

第三辑 心理重建

‖第一辑

脾气法则

你不是脾气太坏，而是格局太小

希腊哲学家埃皮克提图说：“人的烦恼并非来源于实际问题，而是来源于看待问题的方式。”此外，环境、人格等因素也影响着情绪的形成、发展。

情绪以很快的速度形成，快到人们甚至无法察觉，因此能够在危急时刻救我们一命，也能够在一瞬间破坏我们的生活。有大格局的人更容易管好自己的脾气。

Chapter 01

有大格局的人不为小事抓狂

遇事沉住气，才能成大器。有大格局的人心理素质强，能忍失去，能忍暗淡，能忍多年艰辛付出而未见收获。他们坚信未来是美好的，坚信自己所秉持的价值观是正确的。总之，他们败也败得起，胜也胜得起，不会轻易乱了阵脚、失了分寸。

格局大的人有本事没脾气

生活中，有的人本事不大，脾气却不小，遇到麻烦后，他们第一时间不是想办法解决问题，而是乱发脾气，结果把局面搞得更加糟糕。

从心理学角度分析，发脾气是一种无能的表现，是对局势失去控制的慌乱、紧张。发脾气的人试图掩盖内心的焦虑，却伤害了周围的人，强硬的外衣之下是一颗脆弱无助的心。换句话说，没本事的人乱发脾气，与“欺软怕硬”是同一种德行。

有大格局的人懂得控制自我，即使遇到难堪的局面也不会情绪失控。面对糟糕的现实，他们积极思考，寻找对策，因此没有时间乱发脾气。因为一点儿家长里短就和亲戚朋友大吵大闹，甚至拳脚相向，这样的人修养不够，内心不够强大，格局小。

当一个人太注重自己的利益，太在乎个人的感受，而忽视他人的合理诉求时，势必会斤斤计较，极力争夺眼前的微利。于是，不必要的麻烦和误解就会接踵而来，生活、工作就会乱成一锅粥。有大格局的人识大体、办大事，不会把别人为之争吵的小事放在心上，因为那不值得浪费时间、精力和感情。

在纽约，没有人不知道房产大亨唐纳德·川普。早年，川普的父亲在小村庄盖房子，信奉的是中低阶层购买房子的哲学。川普要到纽约发展，父亲说：“你在纽约没有任何身份和地位，要成功难上加难。”

听了父亲的话，川普丝毫不生气，仍旧充满信心，他说：“想大一点。”于是，他带着梦想去了纽约。后来，川普成为纽约拥有房地产最多的人。格局越大，人生越不可思议！

陈文茜说："人生最怕格局小。"格局小的人心中有一只小笼子，装着日益膨胀的大脾气，一方面对亲密的人凶蛮，对强硬的人却柔和；另一方面，小事爱生气，大事不争气，面对困难只会抱怨、发脾气。

有大格局的人内心宽广，可以容纳万物。他们敢于面对一切艰难险阻，不会因为外物或喜或悲，更不会情绪失控。相反，格局小的人心胸狭隘，不值一提的小事也会激怒他们，使他们陷入癫狂的状态。如果一个人 90% 的时间和精力都耗费在无关紧要的小事上，那么就无法从事更重要的事情，也不会深入思考重要、关键的问题，只能在底层苦苦挣扎。

"人类的一切痛苦，都是对自己无能的愤怒。"心理成熟的一个重要标志，是对人对事始终保持理性，不轻易大动干戈。此外，即使内心痛苦、焦虑，也不要轻易表现出来，不要暴露自己难堪的一面或者打扰身边的人，这对解决问题没有任何帮助。

美国著名政治家富兰克林曾说："'愤怒'一旦与'愚蠢'携手并进，'后悔'就会接踵而来。"任何时候，都要管住自己的脾气，把格局放大，把眼光放长远。请相信，任何困难与烦恼都是暂时的，你需要做的是掌控局面，妥善处理并解决问题，而非让局面变得混乱不堪。

脾气能够暴露格局，看一个人因为什么事情发脾气，就能看出这个人的格局有多大。将格局放大，将脾气缩小，人生的层次就会大不同。

你可以不聪明，但一定要大气

什么是大气？大气即胸怀天下、包容万物，它是一种从容大方、胸有成竹的气量，是一种成熟宽厚、波澜不惊的气度。

生活中，大气的人拿得起、放得下，说话办事干脆利落，具有君子风范。他们有宽厚、博大的胸怀，有小事不计较、大事不糊涂的智慧。在他们身上，你可以看到堂堂正正、坦坦荡荡、信得过靠得住的人格魅力。

宋太宗是一个气度恢宏的人。有一次，殿前虞候孔守正和大臣王荣陪宋太宗喝酒。两个人喝得大醉，当着宋太宗的面开始争论秋季守卫边境的功劳，完全忘记了君臣的礼仪。在当时，这种行为犯了“大不敬罪”，按照法律应该交有关部门治罪，但是宋太宗并没有这么做。

第二天，孔守正和王荣清醒过来，听别人说起他们昨天在宋太宗面前的失礼行为，都吓得出了一身冷汗。于是，两个人一起到金殿上向宋太宗请罪，但是宋太宗若无其事地说：“我当时也喝多了，有许多事情根本记不起来了，你们不要在这里打扰我。”

宋太宗故意装糊涂，免除了两人的过失，不但使他们心怀感激，更显示了自己的大度。身为领导者，如果缺少容人之量，恐怕难有大的作为。

泰山不辞细壤故成其大，江海不拒细流故成其长。做人大气，做事才能得心应手。

小气是一种小聪明，这样的人既没有容人之量，也不会为他人所容，容易招致妒忌、非议，做什么都难有建树。欲求大气就要摒弃小肚鸡肠、鼠目寸光的做法，懂得包容身边的人和事。

在职场上，有的人要小聪明，缺乏团队精神，过分看重自己的利益和感受，忽视他人的需求和组织的要求，结果成为不受欢迎的人。明确岗位责任，懂得付出，在展示个人能力的同时，让外界看到你是一个可以被委以重任的人，自然会赢得广阔的发展空间。

大气的人充满自信，他们气定神闲、意志坚定，对人生的目标默默追寻，无论多么繁忙疲惫，也会满面笑容，事情再紧张也会露出微笑。与大气的人相处、合作，我们会感觉非常舒服，安心。

你可以不聪明，但一定要大气。大气是一种境界，能让你进入宠辱不惊、物我俱忘的超然状态，对人和事保持达观的态度。大气后面就是静气，一种心灵的宁静与超脱，这样的人拥有更大的格局。

大气的人坦然面对生活中的烦恼和困难，真正做到了“不以物喜，不以己悲”，对万事万物都有深刻的洞见。

摆脱受害者心理的影响

孟子说：“天将降大任于斯人也，必先苦其心志，劳其筋骨，饿其体肤，空乏其身，行拂乱其所为，所以动心忍性，增益其所不能。人恒过，然后能改。困于心，衡于虑，而后作；征于色，发于声，而后喻。”

大凡成功之人，肯定经历了诸多磨难，甚至遭遇无数超乎想象的挫折。面对这些磨难和挫折，一般人会选择退缩，甚至整天以受害者自居，惶惶不可终日，而有大格局的人内心强大，将这些磨砺看作是一种考验，他们以积极的心态应对一切，成为生活中的强者。

斯蒂芬·威廉·霍金先后毕业于牛津大学和剑桥大学三一学院，并获得剑桥大学哲学博士学位。由于肌肉严重萎缩，霍金失去了行动能力，手不能写字，话也讲不清楚，靠轮椅生活。

谁也没有想到，霍金凭借一个小书架、一块小黑板，最终在天文学的尖端领域——黑洞爆炸理论的研究中，通过对“黑洞”临界线特异性的分析，获得了震惊天文界的重大成就，并因此荣获爱因斯坦奖章。

1985 年，霍金丧失了语言能力，他表达思想的唯一工具是一台电脑声音合成器。他用仅能活动的几个手指操纵一个特制的鼠标，在电脑屏幕上选择字母组词造句，然后通过电脑播放声音。为了合成一个小时的录音演讲，他需要辛苦准备 10 天。

面对命运的捉弄，霍金没有抱怨和沉沦，他摆脱受害者心理，积极思考人生与科学命题，在天文物理学方面做出了开创性的贡献，被认为是当代最伟大的科学家。一个人的内心要何其强大、格局要何其博大，才能有这样的成就？霍金给世人上了生动的一课。

在人生道路上，人们通常要几经波折、几经磨难，而最能为勇敢者壮行的，是拼搏过程中的风风雨雨。透过风雨，方能看到成功的彼岸，这风和雨，正是成功的人生必经的洗礼。

苦难是人生最好的大学，在这所大学里，你可以磨炼自己承受苦难的能力，体会人生的残酷，学会战胜困厄。感受过世态炎凉和人情冷暖，经历了磨难和挫折，内心才会变得无比强大，日后即使面对深沟险壑也会视作一马平川，不会畏缩不前。

拥有大格局的人，无论遭遇外界怎样的嘲讽，遇到多大的困难，都不会被轻易打倒。换句话说，他们在心理层面达到了一定的境界，因此总能在挫折和危机面前挺过来，令人折服。格局越大，意志就越坚定，不论遇到多大的挫折都能淡然处之，固守内心那份信念。

世界上存在这样一类人，他们似乎总能得到上天的眷顾——有着坚定的信念或理想，并且为之付出不懈的努力，最重要的是，上天每一次都会帮他们取得成功，令人羡慕至极。其实，这类人之所以比其他人更幸运，在很大程度上要归功于其强大的内心和大格局。

感谢对你“围追堵截”的人

韩国“现代”之父郑周永说：“没有人天生愿意接受围追堵截，但当这些苦难来临时，你必须要接受。”你要知道，别人的“围追堵截”是上天对你的一种恩赐。

不可否认，很多创业者正在经历着种种苦难，遭受着种种挫折和打击，这的确是人生的不幸。可是，人们也惊奇地发现，无数杰出的人物都是从别人的“围追堵截”中走出来的，正是这种人为的困难成就了他们。

所以，面对那些“围追堵截”你的人，要抱一种感恩的心态，接受他们的挑战，积极寻找应对眼前局面的方法和策略，在主动突围中使个人能力得到提升。

“北大踹了我一脚，当时我充满了怨恨，现在充满了感激。”俞敏洪说，“如果一直混下去，现在可能是北大英语系的一个副教授。”

1985 年，俞敏洪北大毕业后留校任教，后来由于在外做培训班惹怒了学校被处分。他觉得继续待下去没什么意思，就选择了离开。那是 1991 年，俞敏洪即将迈向而立之年，离开北大成了他人生的分水岭。

无论怎样，离开北大对俞敏洪来说都是一次挫折。但是，他没有因此而消沉，而是始终怀着一颗宽容的心，正确地看待生活给予自己的一切。多年后，他创业成功，迎来了事业发展的巅峰。

成功商人的竞争哲学是“宁失利益，不失关系”，哪怕这个关系仅仅是和平共处。因为钱失去再多也能挣回来，而关系一旦破裂就很难弥合，破裂、结怨的关系就如同悬于头顶的宝剑，其不经意地一击就可能把你所拥有的一切都断送掉。

那么，怎样对待那些故意与你为难的人，甚至是仇人呢？请记住八个字：“以德报怨，化敌为友”。

以德报怨，并不是说可以任人欺哄，任人宰割。高明的做法是，智谋与道义两全，巧妙地征服对你使手段的人，既让他们对你心悦诚服，又保证自己的利益不受损害。

“以德报怨，化敌为友”是避免别人伤害所能采用的上策，这样，你就很容易把对手变成朋友。以恨对恨，恨永远存在；以爱对恨，恨自然消失。因而，做事不计较，甚至是主动吃亏，在得失上装一时的糊涂往往能得到长久的收益。

达美乐比萨连锁集团创始人汤姆·莫纳汉说："艰难对于我来说，就像用石头铺成的小路，我沿着它一步步走过来，没有它，我走不到今天。"人在社会上生存，面临最多的是选择。有大格局的人能够摈弃固执、收敛个性，淡定地接触来自各方面的碰撞，其中也包括为敌人祈祷。

以平常心应对外界的批评

这个世界上没有人会对赞美之词说不，也很少有人会对批评之语说是。人人都喜欢听好话，这是人之常情。面对中肯的批评，如果能坦然面对而不记恨在心，相信会对你大有裨益。

当然，批评也分不同程度。有些批评如蜻蜓点水，涉及的问题也不严重，容易被人们接受；而有些批评可能过于尖锐。

一般情况下，尖锐的批评会有损当事人的尊严、面子，严重打击当事人的自尊心，因此，心中感到怨恨也属正常反应。最好的办法就是当面和对方说清楚，避免误会。

如果对方说的对，就虚心接受，并提醒对方采用正确的沟通方式，而不是出口伤人；如果对方说的不对，大可不必理会，因为清者自清，众人心中自然有数。总之，不要将仇恨情绪蔓延开，更不要耿耿于怀，那样只会让对方更开心，伤害的是自己的感情。

梅西是一名德国律师，精通多国语言。二战爆发后，他逃到瑞典首都斯德哥尔摩。为了解决吃饭、住宿问题，他不得不放低身段找工作。

他给当地多家进出口公司投了求职信，说明自己会多国语言的优势，信件都是用瑞典文书写，并注明自己想谋得一份秘书的工作。梅西本以为凭着专业优势，肯定能找到工作，但是事与愿违，大多数公司回信说，现在是战争时期，暂时不需要这类人才。

虽然是回绝信件，但是各家公司的措辞都比较客气，只有一家公司例外。这家不友好的公司回复道："你对我们的了解完全错误，并且你的瑞典文写得一塌糊涂，我们公司根本不需要像你这样愚笨的秘书。"梅西看完这封信气急败坏，当下就准备回信与对方辩论一番。

但是，拿起笔的那一刻，梅西犹豫了。"我怎么知道这个人说的不对呢？瑞典文又不是我的母语，虽然我学习过，也许有些错误一直蒙在鼓里呢。如果真是这样，这恰恰暴露了我的不足。我是不是应该感谢这个直言相告的人呢？"

想到这里，梅西照例写了回信，但是内容完全与最初的想法不同。他在信中表达了自己的谢意，并且对自己搞错对方公司业务道歉，最后还表示一定加强瑞典语的学习。

出乎意料的是，信寄出去之后没过几天，梅西就收到了这家公司的入职通知。由此可见，有教养的人终究会被善待。

面对陌生人的尖锐批评，梅西愤怒了，甚至开始仇视对方，但是，他及时调整了心情，转变了情绪。更难能可贵的是，他非但没有将批评放在心上，还反省自己的不足，虚心接受并感谢对方。最终，梅西凭借虔诚的态度得到了一份工作。

在我们身边，很多人无法善待批评自己的人，总是因为听到不友好的言辞而心生怨恨。放不下面子，不肯承认自己的缺点，所以责怪对方言辞犀利。无法原谅和宽恕对方，其实是不肯放过自己。

《圣经》说："怀着爱心吃青菜，也会比怀着怨恨吃牛肉好得多。"怨恨情绪会伤到自己，既然对方已经让你感到不愉快，那又何苦再用怨恨情绪让自己受折磨呢？

永远不要试图去报复那些批评你的人，当你放下仇恨的时候，也是在善待自己。

心胸宽广的人，不会对一句批评斤斤计较。他们会认真反思自己的行为，斟酌自己的失误之处，然后进行改进。不因对方的批评而恶语相向，正是有大格局的表现。

Chapter 02

错误的认知导致一时冲动

希腊哲学家埃皮克提图说："人的烦恼并非来源于实际问题，而是来源于看待问题的方式。"你的认知就是你一贯看待事物的方式。这种思维会下意识地钻入你的脑海，并且对你的感受产生相当大的影响。

情绪源于你的想法

我们会因为一些倒霉的事而抑郁、烦闷，比如工作不顺利、被心爱的人拒绝、因出门忘带伞而淋雨等。事实上，生活中的喜怒哀乐都来源于我们的认知，也就是我们对自己、他人及环境的认识和判断。

对此，心理学家指出，情绪是人的一种心理，表现为对各种事物的态度，通过人的肢体动作及面部表情展示出来。

“思维决定情绪”，并不是什么新观点，两千年前的希腊哲学家埃皮克提图也有过类似的论述，他说：“人的烦恼并非来源于实际问题，而是来源于看待问题的方式。”而《圣经·旧约》中的《箴言篇》，则有这样一段话：“因为他心怎样思量，他为人就是怎样。”

有一次，英国著名戏剧家萧伯纳访问俄国。为了了解当地的风土人情，他每到一个地方都要独自外出转一圈。

这天早上，萧伯纳正在街上散步，碰到一个可爱的小女孩。于是，他停下来，和她一起玩耍。小女孩口齿伶俐，也很有礼貌，萧伯纳非常喜欢她。

临别时，萧伯纳笑着说：“小姑娘，你知道我是谁吗？”小女孩摇了摇头。

萧伯纳高傲地说：“一会儿回到家告诉你爸爸妈妈，就说你今天和世界闻名的剧作家萧伯纳一起玩了！”

小女孩眨了眨眼睛，然后天真地说：“知道我是谁吗？记住，刚才和你一起玩的是克里佩斯莱娅！”

听到这里，萧伯纳立刻意识到自己刚才讲话太傲慢了。看着眼前纯真可爱的小女孩，他竟一时手足无措，脸上也不禁有些发热。

萧伯纳是世界闻名的剧作家，所以，与小女孩告别的时候，他流露出骄傲甚至有些自大的情绪。然而，小女孩不卑不亢的回答让他意识到，名利心太重是多么可怕的事，他为自己傲慢的态度感到后悔，甚至感到无地自容。萧伯纳的情绪发生变化是因为他意识到了自己的错误，心生愧疚。

这个故事说明——情绪源于你自己的想法。认知是一种思维或心态，是一个人看待事物的一贯方式。在不同场合，这种思维会下意识地左右人们的分析、判断和情感。

有的人认为自己不如别人，所以每天都过得不快乐；有的人认为自己不聪明、缺乏魅力，所以陷入了深深的自卑中；有的人习惯怪罪他人，所以活在抱怨的世界中；而几乎所有抑郁的人都认为，自己乃至整个世界正面临着某些棘手的问题，坏心情是不可避免的，也是正当合理的。

一个人有怎样的想法，就会有怎样的人生和命运，对此，莎士比亚也说："世间本无好坏，只是想法使然。"

事实上，在决定情绪的各个要素中，思维发挥的作用远远超出你的想象。因此，在抑郁症治疗领域，认知疗法已经成为全球应用最广、参与研究人数最多的心理疗法之一。这一理论侧重实际操作，让人一接触就会产生强烈共鸣，治疗效果非常好。关于这一点，许多研究报告都可以印证。这也从一个侧面告诉我们，认知对情绪有决定性作用。

改变错误、不合理的认知和想法，就可以改变心态，甚至改变价值观和信念，它带来的变化是巨大而持久的。如果你能做到这一点，心情会好起来，视野会更开阔，工作也会更努力。

认知如何将情感塑造成情绪

欧文·H. 歇尔教授是美国最受推崇的"领导艺术"权威，他说："一个人取得的成就，除了条件和能力外，还取决于其他因素。我坚信，起催化作用的因素是态度。当人们的态度正确时，能力便会充分发挥出来，我们就会取得一个个可喜的成就。”

歇尔教授所说的“态度”，就是一个人对万事万物应有的认知，也是其内心深处的真实想法。每个人在“认知”的作用下产生特定的情感，或厌恶，或喜欢，或愤怒，或伤心……表现为特定的情绪。

认知将情感塑造成情绪，经历了怎样的过程？为什么你会“觉得”幸福，而他会“感到”生气呢？情绪到底是怎么产生的？心理学家詹姆士（W.James）认为，人们能够辨识不同的情绪，是因为每种情绪都有特定的生理模式。

比如，一个人生气时会心跳加速、血压升高，这些生理变化被大脑辨识，确认其符合“生气”的生理模式，从而“感觉”到自己生气了。又比如，发生地震的时候，人们的肾上腺素分泌增多、心跳加快，于是大脑就认为自己处于“害怕”的情绪中。也就是说，人受到刺激产生特定的生理变化，进而感受到特定的情绪。

1848 年 9 月 13 日，年轻的菲尼斯·盖奇在美国佛蒙特州铁路工地爆破岩石时发生意外，被铁棍穿透头颅。铁棍从盖奇的左颧骨下方穿入头部，从眉骨上方伸出来。

盖奇的左前部颅骨几乎完全被损毁，幸运的是，他活了下来，并在 10 周后出院了。随后，盖奇逐渐恢复了体力，又可以工作了。

虽然头上有个洞，但是盖奇能像正常人一样说话，思维也很清晰。只是，盖奇的行为和性格与以往大不相同。他的朋友发现，原来能力出众、灵活机敏的盖奇不见了，取而代之的是一个缺乏耐心、粗俗无礼的人。

经过检查，医生发现，盖奇智力正常，但脑部创伤严重损坏了他的情绪能力。也就是说，盖奇无法理解情感，对他人的喜怒哀乐变得无动于衷。结果，他因在工作中很难与人合作，最终丢了工作。此后，他虽然多次尝试新的职业，但是都无法适应。1860年，盖奇因癫痫发作去世。

盖奇的故事告诉人们，无法理解情感和情绪是多么可怕。一个人仅仅保持理性远远不够，还必须感受到情绪的变化，才能理解这个世界，并与世界融洽相处。

人体的生理反应是无法控制的，我们可以通过无意识的身体反应意识到情绪来了。比如，看到逗趣的事情会大笑，产生快乐的体验，感觉开心、愉悦，这是对“快乐情绪”的解释。我们能够意识到自己的感受，并在此基础上做出决定——开心的时候更容易接受他人的建议。

当然，情绪的产生除了借助生理反应进行辨识，还有赖于人的主观思考及判读，即特定情感指向。人是情感动物，时时刻刻都被情感左右。准确理解他人的情感，是正确决策的前提。因此，能否有效地使用情感，而不是抑制或者限制情绪，考验着一个人的情商。

人们接受外界刺激，产生特定的生理变化，进而感受到某种情绪，反过来，人的生理状况也会随着情绪波动而产生特定的变化。“测谎仪”便是据此原理发明的，其基本原理是：一个人说谎的时候会产生紧张、焦虑等感觉，进而不由自主地产生特定的生理反应，由此，有经验的人就能判断出当事人是否在撒谎。

改变消极的思维模式

神经生物学家安东尼奥·R.达马西奥（Antonio R Damasio）提出，所谓的情感状态，实际上主要是大脑构建出来，用以诠释身体反应的一个“故事”。也就是说，大脑对环境的评估结果，决定了被激发的情绪是什么。

因此，改变对特定事物的看法，就能够改变与之相对应的情绪：某次因自觉占理而向友人爆发的愤怒，也可能在反思之后转为愧疚；那段曾让你既悲且恨的初恋，会在大脑评估后变为释怀。

面对糟糕的状况以及危急情况，人们难免产生焦虑、担心和恐惧等负面情绪。眼前的情景已经很窘迫了，如果再增添这么多负面情绪，无疑是雪上加霜。

比如，你去医院看病，难道希望医生对病情流露出担忧、焦虑的负面情绪吗？当然不会，因为这不会帮助医生救治病人，反而会影响其医术的发挥。实际上，病人从医生那里看到自信、乐观的微笑后，才会对医治效果充满希望。

许多人在消极思维模式的影响下，满眼都是正在发生的糟糕事情。是时候转换思维方式了，生活不需要痛苦、悲观和担忧，它们会让局面变得更糟。当危机、冲突和忧虑突然降临的时候，你需要用爱心、宽容、接纳和理解去应对，寻找解决问题的正确方法。

本·佛森失去了双腿，但这并没有影响他活出自我，活出精彩人生。

有一天，本·佛森到山上砍伐木材。返程时，一个急转弯，一根木头滑下来，卡住了车轴。本·佛森被甩到路旁的一棵树上，伤到了脊椎骨，从此双腿瘫痪。

当时，本·佛森只有24岁，就这样在轮椅上过一辈子吗？他不甘心。一开始，这个年轻人怨恨命运的捉弄，但是他很快意识到，这对自己毫无帮助。

于是，经历一段时间的彷徨和怨恨之后，本·佛森找到了属于自己的全新人生。他开始认真读书，并对文学产生了兴趣。这让他开阔了眼界，也丰富了生活。闲暇之余，他还学会了欣赏美妙的音乐，一个人的时候，听着美妙的曲子，再也不会感觉孤单。

当然，最重大的转变是他开始认真思考人生，认真观察这个世界，并领悟到怨恨命运毫无价值，把时间和精力花在有意义的事情上才能不虚此生。

广泛阅读之后，本·佛森逐渐对政治产生了兴趣。此后，他花费大量时间研究公众问题，并尝试坐在轮椅上演讲。也因此，他认识了更多优秀的人，并被大家关注。后来，他凭借自己的才能担任了佐治亚州政府秘书长一职。

在命运的捉弄下，许多人再也没有抬起头。然而，本·佛森改变消极的思维模式，用积极的心态迎接新生活，开创了另一种成功人生。他曾说："别人和善礼貌地待我，我也应该和善礼貌地回应对方。"

卡尔博士说："世界上有两种人，一种人认为自己是应得报酬与应受惩罚的依据，另一种人认为报酬和惩罚是诸如运气、天气和他人等外部因素带来的。通常，前一种人更乐观，心理能量更强，更有可能通过积极行动改善糟糕的现状。"

陷入困境的时候，你要相信自己能掌握命运、能解决问题，并突破困境，积极的思维模式会引导你夺取胜利。如果一番努力之后你仅仅得到了一个酸柠檬，那就把它榨成柠檬汁吧！明智的人永远不会消极思考问题。

经验表明，流露出负面情绪会将你与周围的负能量联系起来，担心什么就会得到什么。如果你想保持积极乐观的心态，首先要改变消极的思维模式，做不到这一点，任何人都无法帮你从不良情绪中解脱出来。

学会积极乐观地思考，必须多与他人交流，开阔思路。此外，观察和阅读也能激发积极的情绪，平复内心的失落、不满。

别把简单的事情复杂化

生活中的烦心事令人应接不暇，许多人因此陷入紧张、焦虑的状态，身心疲惫。其实，有些烦恼是自找的，烦恼的根源在于你想得太多，把简单的事情复杂化了。

看待周围的人和事，应学会简单思考。简单是一种智慧，避免把简单的事情复杂化才能更好地寻求突破，找到解决问题的良策。而面对困难和挑战，简单思考可以让你充满勇气，让你的内心变得更强大。

为了应对日益增多的客流量，圣地亚哥的艾尔·柯齐酒店准备增加几部电梯。工程师、建筑师想要在每层楼的地面上打一个洞，并在地下室安装马达。

但是，这种方案会导致酒店内尘土飞扬，影响酒店的声誉和服务质量。酒店负责人与工程专家在楼道里商讨对策，争论得面红耳赤。

正在旁边扫地的清洁工听到争论，走过来说："在每个楼层钻洞的确不是好办法，不但每层楼都会变得一团糟，而且尘土清扫起来也很麻烦。"

工程师转过身，对清洁工说："那怎么办，难道要关闭酒店施工吗？"酒店负责人说："坚决不行，如果这么做会让顾客误认为酒店倒闭了，生意肯定会一落千丈。"

看到大家急切的样子，清洁工说："我有一个好方法，既能按时把电梯装好，还能省去不少麻烦。"工程师和酒店负责人不约而同地投来期待的目光，清洁工接着说："把电梯装在酒店外面。"

工程师与酒店负责人不禁为这个绝妙的点子叫好，这就是近代建筑史上的室外电梯。

把问题复杂化会让我们失去正确思考的能力，并因问题无法解决而情绪失控。

一个人不会用简单的方式思考问题，他的内心就会像一辆超载的汽车，需要耗费更多能量才能前进。

请尝试作出改变，不要再为身边的小事抓狂了。如果让你区分水和酒，不必费尽周折去猜测，只要上前闻一闻就知道了。一个人想轻松应对这个世界，首先要有一颗简单的心，学会简单思考。

第一，高效沟通，许多人把简单的事情复杂化的一个重要原因是不善于沟通，从而无法掌握真实有效的信息，结果因错误的信息做出错误的决策。

第二，勇敢面对，大胆接受眼前的挑战。无法面对既成事实，选择逃避和放弃，必然无法进行正常思考，从而离正确的轨道越来越远。

第三，保持理性，不做情绪的奴隶。遇到麻烦事，有些人无法接受，会情绪失控。失去理性思考能力，自然会把简单的事情复杂化，导致无法收场。

别想太多，真的没什么用。生活中有各种麻烦，每个人都要学会理性面对，相信自己有能力应对，相信有更好的事情等着你。

用想象唤醒积极的情绪

研究发现，“想象”是引发情绪变化的重要方式。积极的想象有助于消除负面情绪，减轻心理压力，比如，面对困难的时候，想象自己能找到应对方法，这种积极的思考方式能自我激励，使自己更加自信。

如果能通过想象唤起积极、乐观的情感，显然有助于我们在关键时刻做出正确的决策，并采取行动。有的人总是习惯把事情想得很糟，因此无法享受到积极思考带来的益处。

许多在办公室久坐的人对“多运动”这样的忠告早已厌烦，但是如果引导他们想象自己在沙滩上追逐海浪的场景，效果将会完全不同，这就是借助想象激发正面情绪的一种应用。

在医学领域，帮助患者通过想象获得积极情绪，从而改善人体免疫机能，最终抑制疾病发展，已经收到了令人满意的效果。显然，患者在主观意念上进行积极的想象，以乐观的心境驱散各种不良情绪，有助于战胜病魔。

卡尔·西蒙顿医生患了皮肤癌，但是他没有意志消沉，最终借助积极想象的力量唤醒了身体的免疫机能，战胜了这一不治之症。随后，他根据自身经验创造了“精神想象操”，帮助更多的人治疗晚期癌症。

在医生的帮助下，患者闭目静坐，按照“精神想象操”的步骤每天做三次。调查显示，大多数患者在练习之后明显感觉心情变好，原来的悲观、焦躁、恐惧等不良情绪减少了，直至逐渐消失，大多数人的生命延长了，生活质量大大提升。

有一位喉癌患者病情严重，肿瘤几乎阻塞了他的咽喉，他每天只能喝果汁维持生命。对此，医生无计可施，明确告诉患者，他只能活一两个月。后来，这位患者开始练习“精神想象操”。她每天静坐在床上，排除杂念，进入美好的情绪体验中。过了一个月，她的病情有了明显好转，一年后，她的肿瘤竟奇迹般地消失了。

人们在想象的帮助下产生的积极情绪，不但能改善身体机能，还能得到良好的心境。这个世界上，许多人生活在困苦、不幸、哀怨等逆境中，而很大一部分原因在于，他们习惯用消极思维想象自己的人生。

英国大文豪萨克雷说：“生活就是一面镜子，你笑，它也笑；你哭，它也哭。你感谢生活，生活将赐予你灿烂的阳光；你不感谢，只知一味地怨天尤人，最终可能一无所有！”

从现在开始，换一种思维方式想象人生吧！早上醒来，发现自己还能自由呼吸，你就应该庆幸自己比今天离世的人更有福气。如果你从来没有经历过战争的危险、被囚禁的孤寂、忍饥挨饿的痛苦……那么，你就比世界上的5亿人幸福多了。

具体来说，在想象的时候可以结合暗示、联想，让自己进入舒适、放松、惬意的情景中。比如，面对沉重的工作压力，你可以想象自己静静地俯卧在沙滩上，温暖的阳光照在脸上，轻柔的海风吹拂着身体，海浪拍打着岸边，演奏着动听的音乐。

心理学家艾克曼认为，如果能够想象一些情景来唤醒积极情绪，那么就能削弱不良情绪的影响，让内心充满快乐。

许多时候，幸福的人生不在远方，就在你的心里。借助“精神想象操”激发乐观情绪，你会成为命运的主人，成为人生的主宰。

Chapter 03

沉住气，不被外界左右

情绪的产生是基于大脑对环境的评估，同样的刺激作用于不同的人可能得到不同的“诠释”。群际关系、社交场合、文化习俗等都能影响人们的分析和判断，形成特定的心理体验。

群际关系影响人的情绪

在特定的群际关系中，人们会成为组织、团队、群体中的一分子，并产生特定的价值认同、心理认同，在情绪上也会被这种特殊的环境影响。

在这个世界上，没有人能够完全脱离环境的影响。同事受到批评，你会产生担忧；邻里关系紧张，你很难有好心情……群际关系影响人的情绪，这种体验甚至会成为个体自我心理的一部分。

春天来了，树木发芽了，小草也变绿了。然而，小城的贫民区没有任何变化。走在街道上，看不到一丝生气，感受到的只是嘈杂和混乱。

别的孩子都穿上漂亮的新衣服去上学了，而住在贫民区的一个小姑娘却还穿着破旧的衬衫，因为她只有这一件衣服。

这个小姑娘学习成绩很好，但是看上去太邋遢了，头发乱糟糟的，衣服从来没有换过。老师看不下去了，给她买了一件漂亮的红色连衣裙。接过礼物的那一刻，小姑娘高兴得脸颊都红了。

第二天，小姑娘穿着漂亮的红裙子来到学校，头发梳得整整齐齐，脸也洗得干干净净。丑小鸭一夜之间变成了小公主，同学们羡慕不已。她高兴地对老师说："妈妈看到我的红裙子，高兴极了。爸爸出门找工作了，晚上回来看到我一定会很开心。"

果然，爸爸晚上回家看到女儿的打扮，惊呆了。吃晚饭的时候，爸爸发现餐桌上铺了一块花布。妈妈说："又脏又乱的屋子怎能配得上我们漂亮的小公主呢？"

晚饭后，妈妈认真地擦洗地板，爸爸一声不响地到院子里修理栅栏。

奇迹就这样发生了，全家人都忙碌起来，心里有说不出的高兴。

过了几天，一家人重新粉刷了房屋，原来又脏又乱的屋子变得干净整洁了。周围的邻居看到这一幕，也开始用心收拾自己的屋子。不久，政府接受建议，开始帮助贫民区的居民规划基础设施。几个月后，小城贫民区发生了令人震惊的巨变，好像那个第一次穿上红裙子的小姑娘一样美丽。

任何一个人，每时每刻都在受他人的影响。从出生那一刻开始，就要接受父母的养育；到学校读书，要与老师和同学朝夕相处；参加工作以后，每天与同事、客户打交道。显然，人生的喜怒哀乐与不同的人际关系密切相关。

一个人的认知、情感会受到群际关系的影响，而特定的群际情绪会影响个体的行为。当个体认同某一群体时，就会把群体的观念变成自我观念的一部分，评价与群体有关的事物也会带上特定的情绪色彩。

由此看来，每个人都会创造情绪氛围并影响他人。意识到这一事实后，我们就不可避免地有了一种责任，即对自己的情绪多加关注，因为你会把特定的情绪和能量传递给他人。

人们都有从众心理，这是典型的群际情绪影响的产物。受到外界不良情绪的影响，我们要懂得“免受其害”，时刻保持积极情绪。

触景生情是怎么回事

情绪产生波动，是多种因素作用的结果。其中，外部环境的一些特定因素会让人回忆起往事，诱发强烈的心理共鸣，我们称之为“触景生情”。

听到一首老歌，会想起初恋，眼前闪过甜蜜而伤感的过往；品尝到家乡菜，会想起久别的故乡，想起妈妈在厨房忙碌的身影……因为“触景生情”而产生情绪变化，很正常也很普遍，因为我们都是有感情的人。

通常，人们会将难忘的人和事放在内心深处，一旦遇到特定的环境，这种情感就会被激发出来，从而促使人们做出某些特殊的举动。

每天清晨，犹太传教士都会到一条乡间小路上散步，无论迎面走过来何人，他总是微笑着打招呼：“早安。”

一个名叫米勒的年轻农民对传教士并不友好，面对热情的问候常常冷漠以对，但是，传教士每天早上仍然对他道一声早安。终于有一天，年轻人脱下帽子，也向传教士说了一声“早安。”

几年后的一天，传教士与村中所有人都被纳粹党抓起来送到了集中营。下了火车，大家列队往前走，有一个军官手拿指挥棒在前面喊话：“左！右！”往左边走的人死路一条，往右边走的人还有生还的机会。

很快，这位军官喊到了传教士的名字。传教士浑身颤抖地走过去，抬头与军官对视的那一刻，惊呆了，“早安，米勒先生！”传教士习惯性地脱口而出。

米勒努力克制住惊诧的表情，顺口说：“早安。”声音低得只有他们两人能听到。随后，米勒将指挥棒指向了右边，低声说：“右。”

早年，犹太传教士用善意赢得了米勒的信任与好感；多年以后，米勒再次见到传教士，想到了对方的善意，自然以举手之劳挽救了他的性命。米勒心里始终保持着一份善念，所以对故人难免触景生情。

人是感性动物，而要感动一个人不一定需要花费钱财，只要触碰到其内心深处的某个地方，就会令其触景生情将情感释放出来。

当然，一个人如果过于敏感、脆弱，有点儿风吹草动就心潮澎湃、情绪波动，必然无法理性思考。经验表明，过于情绪化的人因触景生情而患得患失、举棋不定，很难有所作为。

情绪来源于我们的信念、价值观，也受特定情境的影响。有时候，人们以往的经历会被某种场景或行为激活，使其表现出固有的情绪，这就是“触景生情”的发生机制。意识到这一点，并坚持自己的观点，不受外界环境的影响，才能做到处变不惊、从容不迫。

遇到“触景生情”的场面，有时候需要克制，有时候需要释放，既遵守基本的规矩，又不失自己的原则，才是健康的生活状态。

输得起，你的人生才有大收获

如果说立志是播下种子，工作是辛勤地浇灌，那成功就是结的果实。但是，并不是所有的付出都会得到回报，挫折、失败总是难以避免。人生有时像个大赌局，谁也不可能赢一辈子，关键是你要输得起。

有的人无法承受挫折，一旦遭遇工作、生活的失败就崩溃了，进而一蹶不振。这样的人显然格局不大，在人生的竞技场上，即便输了也不能灰心，更不能自暴自弃。输了，还可以重新再来，只有拼过了才算真正活过。

富兰克林说：“有耐心的人才能达到他所希望的目的。”任何事业都不会一帆风顺，通往成功的大道上会有许多“绊脚石”，输得起的人才能笑到最后。

如果把人生比作一场赌博，那么年轻时可以肆意挥洒筹码，无论押大押小，无论是赢是输，都有机会重新来过。在输得起的年纪，你要做的就是抛弃恐惧，勇敢地做自己。

也许周围的人和事会影响你的判断，左右你的心情，但是永远不要让他人安排你的命运。人生就是一场探险，只有勇敢做自己，才能收获渴望已久的东西，即便你没能找到宝藏，但也许会收获其他珍贵的东西，比如友谊、勇气和回忆。

害怕是一种正常的心理，关键是别让它长期控制你。人生只有一次，青春只有一次，不去勇敢尝试，永远无法成就非凡的自己。在输得起的年纪，活出人生的精彩，才不会留下遗憾。

莎士比亚说："在命运的颠沛中，最可以看出人们的气节。"成长就是一个不断犯错的过程，不要害怕犯错，要永远对世界充满好奇，要相信每一段经历都是收获。

胸怀是靠委屈撑大的，格局是靠经历垫高的。这个世界没有永远的赢家，输也要输得有格调，人生本就是一场赌博，愿赌服输才令人肃然起敬。

同理心太强不一定是好事

情商高的人能感知他人的情绪和心理，能理解他人的想法，从而高效地与人沟通、交往。他们善于换位思考，同理心很强，任何时候都能善解人意。但是，进入他人的情绪世界，难免会受到不良情绪的影响，无端生出各种烦恼。

同理心（Empathy）是通过感知和想象他人的情绪状态，体验他人的感受的心理过程。也就是说，同理心是站在他人的立场上思考问题的移情能力。显然，同理心强的人能充分体会他人的感受，理解他人的情感。

然而，过于在乎他人的感受，忽视了边界，就会被对方牵着鼻子走，甚至失去自我。对一个情绪控制能力差的人来说，同理心太强不一定是好事。

珍妮在旧金山从事心理咨询工作，由于专业知识深厚、实践经验丰富，她在业内小有名气。

在感情上屡屡受挫的人上门求助，珍妮会帮助他们分析性格上的缺点，找到改善的方法。在工作中无法与同事相处的人也慕名而来，珍妮会从提高情商入手，帮助他们学习与同事相处，以使其融入团队。还有一些脾气暴躁，甚至神经质的人找到珍妮，向她倾吐内心的种种不满，希望从痛苦中解脱，这类人是最棘手的，也会耗费珍妮最多的精力。

珍妮始终以专业精神帮助顾客解决各类心理问题，但是时间一长，她发觉自己越来越焦虑。她的丈夫也发现了珍妮的变化，提醒珍妮放松，不要给自己太大压力。

然而，随着时间的推移，珍妮发现自己的精神状态越来越糟糕，有时候竟会与顾客争执起来，这令助手疑惑不解。事后，珍妮后悔不迭，为什么自己会情绪失控呢？不得以，她找到了自己大学时代的老师，希望获得帮助。

听完珍妮的倾诉，老师微笑着说："你在工作中要充分理解顾客的心理需求，会不自觉地进入他们的情绪状态。时间长了，你自然会体验到各种不良情绪，并深受其害。"

老师指着地上的垃圾桶继续说："就像它一样，如果被各种垃圾填满，怎么会有好心情呢？出于工作需要，你有很强的同理心是优势，但是如果无法及时从不良情绪中脱身，这反而会伤害你。"

听完老师的分析，珍妮终于找到了自身的症结，并开始尝试摆脱各种负面情绪的干扰。珍妮的经历提醒我们，一个人有同理心是好事，但是如果同理心太强却可能变成坏事。

同理心包括认知同理（cognitive empathy）和情感同理（affective empathy）。其中，认知同理是指准确地感知、理解和预测他人情绪的能力，也就是推断他人心理状态的能力。情感同理是指分享他人情绪的能力，以及对双方感受进行区分、比较的能力。

同理心强的人情感丰富、感知灵敏，能在第一时间感知他人的心理变化和情绪波动，也会在无形中让自己产生相应的情绪体验。但是，如果这种情绪体验是消极的、不良的，而当事人又无法及时从中抽身，那么时间久了就会深受其害。

一个人同理心太强，就容易受到他人情绪的感染，增添各种烦恼。对那些无关紧要的人和事，不必放在心上，因为你为此抓狂，非但无法帮助他人，还会乱了自己的心绪，把自己变成一个受害者。

在诱惑面前沉住气

在人生旅途中，每个人都会受到命运之神的捉弄，它让你烦恼、痛苦、屈辱。面对这种状态，你要沉住气，坚守内心的信念，迎接转机。

不要自暴自弃，不要消极颓废，也不要逃避现实。沉住气的人可以把难熬的寂寞、怨愤、艰辛压在心底，相信寒冰终能解冻，春天必会到来，暴风雨过后的天空会更加美丽。倔强的心灵在低调中熬炼，坚强的意志在忍耐中生成，强大的爆发力在磨炼中积蓄。

如果你能沉住气，即使面对人生的无奈也能守住阵地，迎来新的转机。反之，遇事沉不住气，太情绪化，不仅不利于成就事业，还会让你错失良机。

二战后不久，松下接手了一家濒临倒闭的缝纫机公司。起初，他觉得有办法使其起死回生，但由于不擅长这方面的业务，再加上竞争对手林立，他自感无法抗衡，便立即退了出来。当然，已经费了一番工夫，财力、物力、人力都会有些损失，但总比继续毫无希望地硬撑下去划算。

松下还有一次更大的“撤退”。1964 年，松下在大型电脑制造方面投入了十几亿日元，并且已经研制出了样机，马上可以大批量生产。当时，包括松下在内日本有 7 家公司在进行大型电脑的科研开发，而市场却远没有那么乐观，继续下去势必形成恶性竞争的局面。松下认为，与其恶性竞争两败俱伤，不如早些退出来为好，于是他毅然退出了竞争。

后来的事实证明，松下撤退这步棋走得很正确。直到今天，家用、小型电脑长足发展，而大型电脑却比较冷清。

遇事慌乱的人，会失去最基本的理性分析的能力，又如何迎接更艰巨的挑战和考验呢？无论面对怎样的危难，都能处变不惊，才能妥善应对眼前的一切。

人生其实就像爬山，当你筋疲力尽地爬到山顶，以为接下来就是平坦大道时，也许出现在眼前的是一片沼泽。难道因为害怕就不走了吗？不，请继续坚定地走下去。沉住气，保持情绪稳定，更伟大的胜利在等着你。

福楼拜曾经对他的学生莫泊桑说："天才，无非是长久的忍耐！努力吧！"高耸的丰碑、辉煌的业绩都诞生于忍耐之中，生命的负债往往是生命辉煌的开始。当你陷入痛苦的深渊又无法扼住命运的咽喉时，要心平气和地接受当下的处境，然后发愤图强，争取早日冲破牢笼。

有两点需要注意：

第一，面对唾手可得的利益要清醒。

面对唾手可得的利益要沉住气，冷静计算得到该利益需要付出的代价。确实有利可图的，要周密决策，谨慎行事，确保以最小的代价获得最大的利益。

第二，局势混沌不清时要克制。

局势混沌不清时，即使面对巨大的利益，也不可草率做出决策。而要以非凡的耐性稳定情绪，认清发展趋势，待一切明朗，非常有把握时果断出手，这样才能避免因贪图一时之利而满盘皆输。

即便前面是沼泽，沉住气，想想办法，一样可以一步一个脚印地趟过去。最重要的是要有一颗淡定的心，要在忍耐中锲而不舍地追求，不屈服于种种障碍，从而笑到最后。

Chapter 04

别在该动脑子的时候动感情

性别、气质、个性等人格化因素深刻影响人们的主观感受，因此，人们的心理状态与情绪具有鲜明的个性化特点。

男人和女人的情绪差别

研究表明，看到一个人处于悲痛中，男人几乎不会有什么情绪反应，而女人却会表达出强烈的关心，甚至感同身受。显然，女人总是倾向于感性，而男人倾向于理性。

男人和女人的情绪差别很大，体现在各个方面。以愤怒为例，男人会因为公认的原则被破坏、平衡的力量被打破而生气；而女人容易在私人领域、较为亲密的关系中表达激愤之情。

因为性别、角色不同，人们对相同的事物会产生不同的情绪。这提醒我们，与异性相处时必须掌握其心理特征。

安娜最近很伤心，因为她觉得男朋友不理解自己。自己平时在公司承受着极大的压力，回到家不仅得不到男朋友的体贴，他甚至会因为一些小事与自己争吵，这样的日子太难熬了。

有时候，安娜控制不住自己的情绪，便挥舞着手臂乱哭乱叫，不停地用富有感情的形容词描述内心的感受。显然，她需要被照顾、被关心、被倾听。但是，男朋友只会贸然打断安娜，提出自己的建议，而不是去安抚。

对女人来说，情绪化的表现是一种特定的交流方式。许多时候，女人可以很快忘记自己的表现及感受，但是男人却试图帮助女人找到解决办法，并且认为自己有这个责任。如果面对女人闹情绪无能为力，男人会认为自己很失败。

男人遇到问题或困难时，一般会选择迎难而上。因为积极应对，他们往往能够找到解决问题的方法，所以有更强的解决问题的能力，也更有创造性。

而女人面对压力更能忍受，她们会主动选择以和为贵。通常，她们不愿意采取恰当的行动改善局面，由此很难找到解决问题的方法。所以，女人更能承受压力，如此，柔顺、圆融、细腻、周全成了女人的特质。

由于女人比较感性，遇事容易情绪化，所以面对复杂的局面，她们容易变得消极、被动，总是把情况想得很糟。女人容易陷入自己虚构的世界中，对现在、未来和过去进行多次否定，甚至情绪失控。

在心理与情绪方面，男人和女人有很大的不同，这是与生俱来的，并与其社会角色有很大关系。当然，受后天环境的影响，有的女人会有男性的情绪特点，有的男人也会有女性的情绪特点，并没有严格的界限。

情绪让人很难捉摸，男人与女人最大的不同体现在情绪处理的方法上。理解了这一点，就能更好地与异性相处，在关键时刻说对话、做对事。

哪种气质类型的人最易情绪化

所谓“气质”，即通常所说的脾气、秉性，概括起来，它包括语言表达能力、意识感知、思维反应速度、情绪、注意力等。气质具有相对稳定的特征，是每个人与生俱来的特质，没有好坏之分。

早在公元前5世纪，古希腊著名医生希波克拉底就提出了气质学说。后来，巴甫洛夫把人的神经活动细分为活泼型、兴奋型、安静型、抑郁型，分别与希波克拉底的四种气质类型多血质、胆汁质、黏液质、抑郁质相对应。不同类型的人受到外界环境影响，会呈现出明显不同的情绪反应。

甲乙丙丁四人要参加全国性的学科竞赛，老师对他们寄予厚望，希望他们都能取得不俗的成绩。面对这样重要的竞赛，四个人都有不同程度的紧张，但是他们缓解紧张情绪的方式却截然不同。

甲通过与老师、同学交流转移注意力，相信这场竞赛会带给自己很大收获，即使没有获奖也无所谓。

乙在老师和亲朋好友的鼓励下斗志昂扬，相信自己一定能取得成功，信心十足。

丙感觉压力非常大，坚持不断复习，做好最后的准备，并没有采取其他方法减压。

丁害怕自己辜负老师的期望，极度紧张，非常担心成绩不理想。

面对比赛，四个人虽然都紧张，但具体表现是不同的。由此可以推断出，甲性格开朗，善于言谈，在紧张状态下会转移注意力，是多血质的气质类型；乙兴奋度高，适应性强，充满斗志，是胆汁质的气质类型；丙不善言谈，比较内向，注意力集中，是黏液质的气质类型；丁适应性弱，容易焦虑，是抑郁质的气质类型。

显然，甲是一个容易开心的人，乙容易冲动，丙内心沉稳，丁敏感脆弱。不同气质类型的人，呈现出不同的情绪特征，影响着他们与外界的关系。

每种气质类型都有其优缺点，只有充分了解自己属于哪一类型，才能发挥优点、克服缺点。

针对不同气质类型的人，心理学家给出了如下建议：胆汁质和多血质的人，反应迅速，思维敏捷，因此适合运动型宣泄和需要发挥想象力的调节法；黏液质和抑郁质的人，反应比较慢，情绪不易激动，因此适合安静型调节法。

当然，人总有一些共性，在受到外界刺激时会呈现出一致的情绪反应。比如，无论哪种气质类型，遇到开心的事情总会精神振奋，情绪激动，遇到沮丧的事情总会情绪低落。把个性与共性结合起来，才能有效调节情绪，获得幸福快乐。

情绪会影响人的行为，理性的人会避免情绪化，做情绪的主人，而不是情绪的奴隶。

主观幸福感强的人更快乐

哈里·爱默生·佛斯狄克认为："真正的快乐未必是愉悦的，它多半是某种胜利的感觉。"一个人主观幸福感越强，越能感受到快乐。

主观幸福感 (Subjective Well-Being，简称 SWB) 是指人们对其生活质量所做的情感性和认知性的整体评价。不同的人对生活会有不同的评价，从而形成积极或消极的情绪体验。

穷人可以很快乐，富人也会有烦恼。一个人是否幸福，有时候不是客观条件决定的，而是一个人主观感受和内心评价的结果。时刻保持积极向上的心态，即使在苦难的日子中也能感受到幸福。

一位年轻人总是抱怨自己时运不济，无法变得更富有。为此，他整天愁眉苦脸，过得一点儿也不开心。

一位远行的老人到年轻人家里投宿，看到年轻人紧锁眉头，便问："你为什么不快乐？"

"我想不明白，为什么我不富有，日子过得这么艰难。"年轻人回答。

"你不贫穷啊，在我看来你很富有！"老人坚定地说。

"是吗，这从何说起呢？"年轻人问。

"假如现在斩掉你一根手指，给你 1000 元，请问，你会同意吗？"老人提出了假设。

"当然不会同意，我可不想身体残缺。"年轻人坚定地回答。

“假如斩掉你一只手，给你10000元，你会同意吗？”

“那更不可能了，我无法接受。”

“假如让你双目失明，给你10万元，你会同意吗？”

“坚决不会同意。”

“假如让你马上变成80岁，给你100万，你会同意吗？”

“不同意。”年轻人不容置疑地回答。

“假如让你马上死去，给你1000万，你会同意吗？”

“不干。”年轻人脱口而出。

“恭喜你，你已经拥有超过1000万的财富。别再抱怨了，别再整天哀叹自己多么贫穷，你有美好的未来。”老人意味深长地说。

年轻人沉默良久，终于幡然醒悟。

当灾难降临的时候，外控型人格的人很容易将灾难扩大化，并产生无助感，进而产生类似麻醉状态的无望感，这就是绝望循环。杰出的未来学家朱尔·巴克和宾夕法尼亚大学马汀·西里格曼博士有一项著名的研究，将无助和无望的关系描绘成一个反馈圈，无助产生无望，无望又会增强无助，它们互相加强，互相促进，最终带来灾难性后果。

每个人都可能被沮丧和悲伤的情绪笼罩过，这是正常的生活体验，但是，你不能任由这种不良情绪发展，因为它会损害人的心智。有效的做法是主动引导自己的情绪往积极的方面想——不只是为自己，也为他人着想。

富兰克林曾说：“人与人之间的关系中，对人生的幸福最重要的，莫过于真实、诚意和热情。”无论周围的人怎么对待你，一定要乐观面对，让对方能够感受到你的热情，那么抱怨就不复存在了。

从现在开始做一个乐观的人，培养积极向上的心态，学会控制自己的内心、控制自己的情绪，这样自然容易掌握自己的命运。

一个人在主观上感受到幸福，那么他的人生就是快乐的。即便自己一无所有，依然感到快乐和满足，就不会被外界的环境所左右，生活就会充满乐趣。

性格决定命运，也操控脾气

人们对现实的态度以及行为方式中较稳定的个性心理特征就是“性格”。性格主要体现在对自己、对别人、对事物的态度和所采取的言行上。

事实上，性格并不是一成不变的，每个人身上的性格标签都来源于过去的经历，是以往岁月的某种印记。正如桑德伯格所说：“过去哦，只不过是一堆灰烬而已。”过去的所有“自以为”会令人认为没有必要花气力去改变自己，从而心安理得地保持现状。

人们常用某种既定的评价来为自己辩护，当找不到其他理由为自己的错误、不作为做挡箭牌时，就会摆出一副我行我素的样子，这实在令人痛惜不已。

爱丽莎是一个性格内向的女人，结婚之后为了照顾孩子，她甘愿做了家庭主妇。后来，为了支持丈夫的事业，她来到西雅图这个陌生的城市。经过一段时间的努力，她终于在这里找到了一份工作，开始了全新的生活。虽然跟公司的同事还不太熟悉，但她一直在努力与大家建立友谊，并认真完成每一项任务。

然而没过多久，爱丽莎开始变得无精打采，对任何事都提不起精神。即使是一件小事，也会引起她的不安和烦躁。面对家庭生活，她也找不到丝毫快乐：孩子的成绩不好，她会忧心忡忡；丈夫的无心之语，她会黯然神伤……

几乎每一件事情，都会让爱丽莎心情低落，这极大地影响了她的生活和工作。为什么到一个新地方，爱丽莎会性情大变呢？以前，她完全不是这种个性。

有一天，她实在受不了了，就拨通了心理专家的电话。听完她的一番倾诉之后，心理专家提出一个建议："把令你沮丧的事放下，洗洗脸，打扮一番，这样可以增强你的自信。然后，想象自己是世界上最快乐的人，并装出高兴、自信的样子，这样，你的心情就会慢慢好起来。"

听了心理专家的话，爱丽莎虽然有些怀疑，但还是照做了。十天后，她兴冲冲地给专家打电话说："我从来没有发现生活竟然如此美好！我每天都感觉劲头十足，充满活力。我丈夫和我的同事都说我像变了一个人，还说我更漂亮了！没想到强装自信，信心真的会来；装出好心情，坏心情竟然真的消失了！我觉得自己的性格完全改变了！"

一位新加坡心理学家在研究众多成功者的案例后认为，没有天生成功者或失败者的性格，每个人都具有多面性，环境和教育决定这个人会发展哪一方面的性格。一些社会心理学家则认为，人的性格本身并无好坏优劣之分。

不同个性的人对待同一事物，会产生不同的心理体验。性格的情绪特征表现多样，具体来说分为下面几点：

首先，性格主导人的心境。有的人总是很快乐，有的人总是郁郁寡欢，有的人总是心如止水，有的人却总是烦躁不安。这显然与每个人的性格有莫大关系。

其次，性格不同的人会产生不同的情绪。情绪受意志、性格的控制，具有很强的差异性。比如，看到惊悚的场面，不同的人会产生不同的情绪反应，有的人会尖叫，有的人只是略微吃惊，情绪激烈程度明显不同。

再次，性格决定了情绪持续时间的长短。人们产生特定的情绪反应后，不同性格的人持续的时间不同。比如，遇到挫折后，性格乐观的人能很快调节心情，变得积极起来；而性格抑郁的人会长时间情绪低落。

人们对现实的态度和行为模式结合在一起，构成了一个人独特的性格，也形成了特定的情绪反应机制，从而区别于他人。虽然人的性格与生物遗传因素有关，但艾森克的人格纬度理论却表明，性格可以在纬度上移动，并不是一成不变的。

如果你心情不佳，心理问题严重，不妨通过积极的行为和自我暗示进行自我修复。时间一长，人的性情会发生很大变化，性格也会得以重塑。

这个世界上，没有谁注定渺小，也没有谁注定一事无成。只要在观念上给自己松绑，以全新的眼光认识自己，你就能活出一个全新的自我。

你会正确表达情绪吗

情绪是对一系列主观认知经验的通称，是多种感觉、思想和行为综合产生的心理与生理状态。心理学家研究发现，情绪可以分为与生俱来的“基本情绪”和后天学习的“复杂情绪”。基本情绪和人类生存息息相关，复杂情绪必须经过人与人之间的交流才能掌握。

无论是基本情绪还是复杂情绪，无论是正面情绪还是负面情绪，都会引发特定的行动动机。尽管一些情绪引发的行为看上去没有经过思考，但实际上经过了意识的认同与加工。面对同一种情绪，虽然当事人会产生一样的感受和体验，但是却可能做出不同的反应，这就是情绪表达。

1905年，乔治·凯利出生在堪萨斯州的一个农场。他于1926年取得了物理学与数学的学士学位，并到明尼苏达州教授公共演讲。后来，他放弃教职，进入艾奥瓦州立大学学习，并获得了心理学博士学位。

在大萧条时代，农业家庭因生活艰难陷入情绪困扰，乔治·凯利想要帮助农民解决心理问题。起初，他借鉴弗洛伊德的心理学方法，让农民们躺在沙发上，将自己的梦境描述出来。可是，对文化程度很低的农民来说，这套理论太难以理解了。于是，他创造了一种更为实际的方法解决大家的问题。

凯利的早期发明之一是“镜子时间”。他让人们在镜子前坐半个小时，观察自己在镜子中的样子，然后回答问题：你喜欢镜子中的人吗？镜子中的人是你理想中的样子吗？你在自己的脸上是否发现了一些别人不曾注意到的东西？虽然凯利知道人们很喜欢盯着自己的眼睛看，但他并不确信这种对镜沉思的方法能给人们带来益处。所以，他决定根据此前公共演讲教学的经历，鼓励人们探索其他看待世界的方法。

大量的治疗经验告诉凯利，人的性格是多变的，就好像演员在职业生涯中会扮演各种类型的角色一样，人们在一生中也会变换不同的身份。

除此之外，凯利还坚信，人们看待自己的方式是心理问题产生的根源。因此，要给病人做心理治疗，首先要帮助他们建立正确的身份认同。他给自己的方法取名为“固定角色治疗”，随着时间的推移，他还发明了一系列帮助人们建立新的身份认同的有效方法。

不恰当的情绪反应不仅会影响自己的心情，也会给他人带来麻烦。积极乐观的人遇到挫折，会激励自己战斗下去，很快就能摆脱眼前的困境；宽容豁达的人面对各种遗憾，会选择忘却，不与他人斤斤计较……正确地表达情绪，可以帮你摆脱不良情绪的困扰。

反之，消极的人在挫折面前悲观失望，吝啬的人纠结于各种小事，他们不能正确地表达情绪，结果让自己陷入无尽的痛苦中，让人生充满遗憾。

每天，人们都要体验各种情绪，形成特定的心理感受。没有人喜欢沉浸在痛苦、焦虑、悲伤等消极情绪中，因此学会妥善应对各种负面情绪，学会正确表达情绪就显得至关重要。希望大家都能成为情绪的主人，成为命运的主宰 。

‖第二辑

情绪控制

情商高的人从来不会输给情绪

心理学大师弗洛伊德认为，人的一生都在与本能做斗争。如果不想乱发脾气，必须学习情绪调节、情绪转移、情绪传导、情绪释放、情绪选择、情绪平衡、情绪优化等技巧，拥有了强大的“自控力”，才能成为高情商的局面掌控者。

Chapter 05

不惯着自己的人总有好运气

情绪是与生俱来的东西，但是恰当地表达自己的情绪，不让坏情绪影响正常的生活，却是通过后天学习得来的。能够调节不良情绪，才可以理性决策、正确行动。

充满鲜花的世界在自己心里

生活应该是什么样子的？为什么你总是不快乐？其实，心情的颜色就是生活应有的颜色，如果心情是灰色的，生活不会阳光明媚。一个人只有让内心开满鲜花，他的世界才会是五颜六色的。

如果你还在抱怨自己不快乐、不幸运，不被人理解，那么首先要调节一下心情。当你变得积极乐观了，你看到的世界就不再是灰暗的。正所谓心境决定心情，主动调节心理才会有良好的情绪体验。

在一个阴雨的星期六早晨，牧师准备讲道，妻子外出买东西了，小儿子约翰吵闹不休，令人厌烦。

牧师无法静心做事，无奈之下随手拾起一本旧杂志翻阅，最后翻到一幅色彩鲜艳的大图——世界地图。他从杂志上撕下这一页，再撕成碎片丢在地上，对小儿子说："小约翰，如果你能拼好这些碎片，我就给你 2 美元。"

牧师以为这件事会让小约翰花费一上午时间，并因此安定下来。没想到，还不到 10 分钟，小约翰就走过来，上交了父亲布置的任务。

看着完整的拼图，牧师疑惑地问："孩子，你用什么方法这么快就把图拼好的？"

"这很容易啊！"小约翰自信地说，"你看，在地图的背面有一个人的照片。我按照人像把碎片拼到一起，然后再翻过来，地图也就拼好了。我想，如果这个人是正确的，那么这个世界就是正确的。"

牧师笑了，高兴地给了小约翰 2 美元，还不停地赞叹："你替我准备好了明天的讲道内容。如果一个人是正确的，他的世界也会是正确的。"

人生不如意之事十有八九，所谓“心想事成”不过是对生活的美好祝愿。遇到不顺心的麻烦事，应该怎么解决呢？有的人会把每一件不如意的小事都堆积在心里、挂在嘴上，然后不停地抱怨，搞得自己心情很差、情绪很糟、精神状态不佳，而且也使身边的人不得安宁，一系列连锁反应让我们的世界变得杂乱无章。

其实，所有的麻烦都可归结为心理问题。你认为它是麻烦，它就是难以解决的麻烦；你认为它不值一提，它就无法影响你的生活。有智慧的人遇到任何事情都能气定神闲，找到应对之策，因为他们有一颗强大的心灵。

试着换一种思维，换一个角度，用另一种方法思考一件事情，结果会截然不同。如果你想改变这个世界，首先要改变自己，如果你的心理是正确的，你的世界就是正确的。当我们用积极的态度看世界看生活的时候，有些问题会迎刃而解。

许多人抱怨工作压力大、生活不如意，尽管他们的遭遇千差万别，年龄也各不相同，但是可以断定，他们的烦恼都源于心理问题。当内心失去了平衡，变得脆弱不堪时，外界的任何风吹草动都可能把人压垮。

什么是心境，其实就是对待生活和人生的一种态度。乐观的心境成就快乐的人生，悲观的心境造成阴郁的人生。保持良好的心境，每天让自己多一点开心，少一点忧愁。

调节情绪是一门艺术

一位哲人曾说：“一个人的心态就是一个人真正的主人，要么你去驾驭生命，要么生命驾驭你，而你的心态将决定谁是坐骑，谁是骑师。”想要拥有幸福、快乐的人生，就要学会调节情绪，做命运的主人。

研究发现，那些极具魄力、性格坚韧的成功人士，在心理上要比常人更成熟、更坚强，也更能掌控个人的情绪。换句话说，遇到同样的困难或挑战，心理脆弱的人往往不堪一击，连连败退，而那些心理成熟的人，总能坦然应对，积极寻找解决问题的方法，最终化解各种难题。

“昨天的忧虑、明天的忧虑，加上今天的忧虑，累积在一起，就造成了你心灵最大的负担。”一个人如果想提升魅力、有所作为，首先要在心理上成长、成熟起来，掌握调节情绪的有效方法。

维克多·弗兰克是奥地利心理学家、精神病学家，曾被关押在纳粹集中营。期间，他饱受侮辱和非人的对待，承受着强大的心理压力。

在纳粹集中营的非人虐待下，弗兰克也一度绝望过。这里没有人性，更没有尊严，纳粹分子看起来都像野兽，他们可以眼都不眨地屠杀女人、老人，甚至是儿童。

弗兰克每天都生活在恐惧中，周围每天都有人因为受不了这种氛围而自杀。身为精神病专家，弗兰克很清楚，如果控制不好自己的情绪，他也难逃崩溃的命运。

有一次，弗兰克跟随大家到工地上劳动。在路上，他产生了一种幻觉，晚上能不能活着回来？是否能吃上晚餐？鞋带断了，能不能找到一根新的？随后，他明显感觉到不安。于是，弗兰克强迫自己不再想那些倒霉的事，而是刻意幻想自己正走在前去演讲的路上，来到一间宽敞明亮的教室，精神饱满地在台上发表演讲。他的脸上慢慢浮现出了笑容。

弗兰克发现，这是一种久违的感觉，多年来不曾有过，他没想到自己还会微笑，他知道自己会活着走出这个魔鬼般的地方。

多年后，弗兰克被释放，他看上去精神很好。朋友们都很吃惊，一个人在魔窟里依然保持着良好的状态，这是无法想象的。

情绪好的时候，人际关系也会变好，反之你也无法拥有融洽的人际关系。假如你回到家里气急败坏地说，简直对这个家庭失去了信心，糟透了，这种情绪无疑会让你的家庭关系陷入严重的危机。

许多人心理负荷越来越重，却没有及时调节不良情绪，所以每天都过得浑浑噩噩。他们无法突破自我，在工作、人际、婚姻上屡屡败退。因此，解决一切问题的关键是重建我们的心理优势。

首先，遇到麻烦的时候，在了解事情的前因后果之前，不要急于去解决问题。显然，如果不对事实加以分析和解释，即使把全世界所有的信息都搜集起来，也无助于我们解决问题。

其次，当你陷入焦虑状态时，要清楚地写下你担心什么，应该怎么办，决定怎么办，然后马上执行。通常，只要理性地一步一步去做，就能够摆脱 90% 的麻烦，重拾愉悦的心情。

当一个人的心理脆弱、敏感时，往往会表现出各种忧虑，这时麻烦也就接踵而至。为了消除这些麻烦，就要努力让自己的内心变得强大起来。学会调节情绪，是摆脱困扰，让生活变得积极乐观的唯一方法。

学会接受生活中的不完美

这个世界从来都充满遗憾，许多时候，完美的事物大多是人们的主观臆测。对此，德国著名诗人歌德说：“十全十美是上天的尺度，而要达到十全十美这种愿望，则是人类的尺度。”

从一定程度上来说，追求完美是有上进心的表现，是一种优秀的品质，但过犹不及，如果因此而患上完美主义强迫症就不明智了。一般来说，完美主义者的个性都好强，长此以往很可能会造成他们精神上的巨大压力，从而引发各种心理障碍。他们渴望自己的生活是完美的，所以无法接受任何小瑕疵，哪怕是一点儿不如意。

完美主义者最常见的表现是烦躁、极端、死板。他们在不知不觉中被坏情绪绑架，整天都因鸡毛蒜皮的小事而烦恼，哪怕是衣服的纽扣丢了一颗也会令他们烦躁不安，很久前犯的小错也无法忘记……实际上，这些忧虑毫无意义。

其实，磕磕绊绊、起起伏伏才是生活，只有学会接受自身的缺点，淡然看待生活中的各种不完美，才能摆脱坏情绪，从而拥有积极的生活态度。

“如果已经活过来的那段人生只是个草稿，还有一次誊写的机会，该有多好”，无数人想象过这种场景，也奢望能有一次重新来过的机会。

有一个年轻人名叫伊凡，请求上帝让自己体验一下这种人生。看到伊凡执着的样子，上帝决定让他在寻找伴侣这件事上试一试。

伊凡遇到了一个漂亮的姑娘，对方也倾心于他，于是伊凡高兴地与这个姑娘结成了夫妻。然而，婚后的日子并不像想象的那般美好。伊凡发觉姑娘虽然漂亮，但是不会说话，办事也笨手笨脚，两个人始终无法进行心灵上的沟通。于是，伊凡把这段婚姻作为草稿抹掉了。

伊凡第二个结婚对象不仅漂亮，而且聪明能干，满足了伊凡对完美婚姻的想象。可是没多久，他发现这个女人脾气很坏，个性极强。她的聪明成了讽刺伊凡的本钱，她的能干成了捉弄伊凡的手段。两个人在一起，伊凡不是丈夫，倒像是她的牛马、器具。最后，伊凡无法忍受这种折磨，祈求上帝准备第三段婚姻，上帝微笑着答应了。

伊凡第三个妻子不但具备了前两任妻子的优点，还有好脾气。婚后，两人非常恩爱，日子过得很幸福。可是半年后，妻子突然患上重病，卧床不起，美貌很快不见了，取而代之的是一副憔悴的样子。

伊凡非常困惑，世上为什么没有完美的婚姻？上帝笑着说：“生活本来就不完美，甚至充满了遗憾。我们要接受不完美的人生，这才是正确的人生态度。”

维纳斯虽然断臂了，但是却成了举世闻名的艺术作品。曾经有艺术家尝试复原她的双臂，可是从来没有成功过。真正完美的事物是根本不存在的，过于苛求就是和现实过不去，给自己找麻烦。

每个人都会有完美的幻想，所不同的是：一部分人认识到了完美是根本不存在的现实，而另一部分人则成为完美幻想的奴隶，并被其绑架。实际上，我们会成为怎样的人，完全取决于自己的内心，如果始终在不完美的现实中追求完美，那无异于缘木求鱼，自寻烦恼。

如果人生处处完美，那么生活又有什么乐趣可言？不完美正是生活的精彩之处，因为不尽如人意，所以才会孜孜以求，力图做到更好；因为不完美，所以才有了完整与残缺的对比，从而更加珍惜生活中的美好。世界上没有绝对的好与坏，过度的苛求只能带来消极的不良情绪，正确面对不完美才是明智的生活态度。

让错误和烦恼“到此为止”

莎士比亚说：“聪明的人永远不会坐在那里为他们的损失而悲伤，但却很愿意找出办法来弥补他们的旧创伤。”

人生难免有烦恼，你无法逃避，也不能左右它们，唯一的选择是勇敢，让错误和烦恼“到此为止”。及时终止不良情绪，这种强大的情绪掌控能力是获得幸福快乐的密码。

当杰勒米·泰勒丧失一切的时候——房屋遭人侵占，家人没有栖身之地，庄园被没收，他这样写道：

“我落到了财产征收员的手中，他们毫不客气地剥夺了我的一切，让我变得一无所有。现在，我还剩下什么呢？让我仔细想想……他们留给了我可爱的太阳和月亮，温良贤淑的妻子仍在我的身边，还有许多排忧解难的患难朋友，除此之外，我还有愉快的心、欢快的笑脸。显然，没有人能剥夺我对上帝的敬仰，无法剥夺我对美好天堂的向往，以及我对罪恶之举的仁慈和宽厚。我照常吃饭和喝酒，照常睡觉和休息，照常读书和思考……”

面对意外和灾难性的打击，泰勒仍然保持好心情，令人钦佩不已。在常人无法忍受的灾难中仍坚持快乐，这种坚韧、乐观的品质是值得每个人学习的，这样的人生永远不会阴云密布。

正是因为能够正视困难，把生命中的磨难看作是对自己的锻炼，所以即使脚下布满荆棘，杰勒米·泰勒照样勇往直前。

没有人能永远一帆风顺，不同在于，有的人会寻求摆脱困境的方法，让烦恼戛然而止；有的人则沉浸在错误中，陷入痛苦情绪无法自拔。

世界上有这样一类人，他们似乎总能得到上天的眷顾——有着坚定的信念或理想，并且为之付出不懈的努力，最重要的是，上天每一次都会帮他取得成功，令人羡慕至极。其实，这类人之所以比其他人更幸运，很大程度上要归功于其强大的内心。

内心强大的人，无论遭遇怎样的嘲讽，遇到多大的困难，都不会被打倒。换句话说，他们在心理层面达到了一定的境界，因此总有办法应对挫折，渡过危机，令人折服。他们身上流露出的是坚定的意志、强悍的行动力，这样的人终究是不可战胜的。

永远不要选择情绪对抗

在肯尼迪·古迪的《怎样让人们变成黄金》一书中有这样一段话：“停下来，用几秒钟时间比较一下，你是如何关心自己的事情和关心他人的事情的，然后你就会理解，别人也和你一样。而你一旦掌握了这个诀窍，就会像罗斯福和林肯一样，拥有做任何事的坚实基础。换言之，和别人相处的关系怎样，完全取决于你在多大程度上替别人着想了。”

遇事多一分冷静，保持理性思考的能力，能有效规避情绪对抗带来的恶果。

一次，卡耐基应邀参加一个晚宴，席间碰到了一位出色的植物学家。因为卡耐基在植物学方面一无所知，所以觉得他十分有趣。卡耐基凝神静坐，认真倾听对方介绍外来植物和新产品的实验。卡耐基也有一个温室，从对方那里获得了许多宝贵知识。

晚宴现场有数十位各个领域的知名人士，但卡耐基却完全忽略了他们，和这位令人着迷的植物学家交谈了几个钟头。临近午夜，卡耐基准备和大家道别。

这时，植物学家转身向主人极力恭维卡耐基，说他是“最能鼓舞人”的人，“最有趣的谈话高手”。

最有趣的谈话高手？这倒让卡耐基有些摸不着头脑了，因为一直都是植物学家在讲话，卡耐基连插话的机会都没有。除非卡耐基转变话题，否则根本无法与之面对面沟通。

说实话，中间卡耐基有过转身离去的冲动，因为这种滔滔不绝的讲话有时确实令人生厌。但是，他控制住了情绪，没有选择情绪对抗，使氛围温馨和谐。

在这个世界上，因为褊狭、自私，不知发生了多少人间悲剧和灾难，恐怕大文豪也无法描写出其中的万分之一。

法国有句俗语：“能够了解一切事物，便能宽恕一切事物。”因此，我们只有先了解世间万物，并尊重客观存在的差异性，才能在心理上成熟起来。

面对矛盾与问题时，许多人会选择以牙还牙，迁怒他人，而不是将心比心，理解对方。因为采取第一种方法更简单，而且自我感觉会更好。这时候，他们往往会想：“我被愚弄了，对方不欣赏我，不尊重我”，“对方会伤害我，所以我要更深、更快、更多地伤害对方”。

这种想法是基于一种自我保护的心理，当人们被这种恐惧感驱使而采取行动时，往往会变得盛气凌人。从根本上说，他们无法掌控自己的情绪，极力想改变自己或周围的人而不得要领，因此增加了许多烦恼。

人总有情绪低落的时候，也许是因为一个人，也许是因为一件小事。生活在复杂多变的社会环境中，在不同的场合要扮演不同的社会角色，采取不同的应对方式。有的人对身边的人和事认识不清，由隔膜而误会，又由误会而发怒，实在没有必要。选择和解而非对抗，更能掌控情绪，进而掌控人生。

心理成熟度高的人更容易适应社会的变化，并且根据外部环境调整自己的行为，反过来再次达到心理上的相对平衡。遇到不如意的人和事，学会将心比心，这既是一种心理掌控术，也是高超的社交策略。

Chapter 06

状态不好的时候换件事来做

喜、怒、哀、乐是人之常情，但是不良情绪会带来极大的负面影响。善于转移注意力，通过情绪疏导保持一份好心情，有助于摆脱眼前的困境。

情绪不好时转移注意力

遇到挫折和麻烦的时候，有的人能够不被其纠缠，而有的人则无法摆脱不良情绪的干扰。情绪不好时及时转移注意力，然后积极寻求解决的方法，才能获得更多的幸福。

哲学家奥里欧斯说：“我们的生活是由我们的思想造成的。”每个人都是自己思想的产物，一切生活景象、行为特征都是思维作用下的结果。思考呈现出复杂性、多变性的特征，也使得我们的人生呈现出多样性。而心理学家进一步指出，人的命运是由5%的潜意识决定的。如此看来，破解无序生活，改变失败人生，还需从个人思想入手。

研究发现，人类思考问题时有一个致命缺陷，那就是往往把注意力放在自己的弱点上，而忽略了自己的优点。遇到问题后，无法从眼前的窘境中摆脱出来，不能及时转移注意力，是许多人失败的重要原因。

在参政初期，罗斯福反对妇女参政，但是后来他的观念发生了变化。1912年，他在新泽西州的某个城市发表演讲，竭力鼓舞妇女参政议政。

“罗斯福先生，您好，您五年前曾反对妇女参政，为什么现在与当初的主张南辕北辙呢？请问，您有什么不可告人的目的吗？”台下的记者情绪激动地问道。

“我承认以前曾反对妇女参政，但那是多年前的事情了。几年过去了，地球都绕着太阳转五圈了，我的观念如果没有一点儿变化，那就太令人遗憾了！”罗斯福以地球围着太阳公转转移记者的注意力，继续说道，“我现在已经深刻意识到了正确的方向在哪里，所以大力鼓励妇女参政。”

罗斯福面对记者的提问，主动承认自己以前观念上的错误，并利用类比说明自己也要有所变化，巧妙地缓解了记者施加的压力，维护了个人尊严及“美国总统”这一光辉形象。

遇到问题的时候，想要摆脱困境只能靠自己。转移注意力，寻求解决问题的方法，才能越过沟坎。许多时候，你专注于什么，你的世界就是什么。当你转向积极寻求问题的解决之道时，心境也会变得开朗起来。

转移注意力是情绪调节最简单最有效的方法。努力从中抽身，而不是被不良情绪包裹，你才有时间和精力做更有意义的事，让每一次努力都有所收获。

不要预支明天的烦恼

每个人都渴望被幸福紧紧围绕，然而幸福不是由周围的环境决定的，而是取决于每个人的心境。有的人心思细腻，凡事都想得很周到，不但要做好眼前的事，还会为明天谋划。

但是这样就能过得幸福快乐吗？未必。明天的事就交给明天吧，过好今天最重要。如果你还在为明天的事而忧心忡忡，请赶快回到当下，别让明天的烦恼干扰了眼前的安宁。

杰尔德太太住在密歇根州沙支那城法院街815号，她的工作是向学校推销世界百科全书。两年前，丈夫得了重病，她把家里的汽车卖了，也因要照顾丈夫而辞去了工作。

后来丈夫过世，家里陷入了困窘，杰尔德太太非常沮丧，迫于无奈她给堪萨斯城罗浮公司的老板奥罗西先生写了一封信，希望能继续做推销图书的工作。老板同意后，她凑钱分期付款买了一部旧车，这样更方便卖书。

此后的日子里，她每天一个人吃饭，一个人驾车，孤独寂寞让她处于崩溃状态。重新工作并没有让她燃起对生活的希望，而且有些地方根本不需要这些书，所以生活压力再次袭来。

第二年春天，杰尔德太太到密苏里州维沙里市推销书籍，这里的学校很穷，所以推销工作并无起色。每天早晨起床都要面对这些令人担忧的现实，她觉得自己的生活没有任何乐趣，更多的是煎熬，因此精神沮丧到了极点。

一个偶然的机会，杰尔德太太读了一篇文章，里面有这样一句话："对一个聪明人来说，每一天都是一个新的开始。"她把这句话写下来，贴在了汽车的挡风玻璃上。开车的时候看见这句话，她就不会感到孤单了，慢慢地她忘记了悲伤，也不再为未来而忧虑。

就这样，杰尔德太太成功克服了对寂寞的恐惧，情绪好转，事业也有了起色。她又重新燃起了对生活的热情，遇到任何事也不再害怕。

很多人经常不由自主地想不开心的事，结果越想越郁闷，最终丧失了生活的勇气，甚至一蹶不振。担忧未来，并不能解决任何问题，如果选择轻生则更愚蠢。一个聪明人，不会纠结于过去，忧心于未来。一天的工作、生活都到上床休息为止，不要让它们干扰你平静的情绪和良好的睡眠。

哥伦比亚大学的爱德华博士经过多次调查和实验得出结论："工作效率降低的真正原因是烦闷。"烦闷会使人产生疲倦感，让人感到眼花头疼，而去除这种病症的方法就是对今天产生浓厚兴趣，把握好当下。

那些有着不幸过去的人们值得同情，那些从痛苦中走出来的人更值得钦佩。别小看那些现在负债累累却不放弃希望的人，那些整天对明天、对未来感到忧虑和恐慌的人，才值得警惕。

与其忧虑明天可能发生的状况，不如把握好今天，为明天打好基础。

遇到实在不想做又不得不做的事，要学会“假装”喜欢，这样既能按时完成工作，还能体会苦中作乐的趣味。

学会变通，人生会更顺遂

前进是生命唯一的方向，只有不断向前走，才是对生命最好的诠释。但是，当前面的路走不通时，要懂得及时转身，回到正确的道路上来。

在漫长的岁月中，一些令人懊恼的事情总会不期而至，这让人压抑、苦闷，甚至陷入痛苦。其实，面对已经发生的事情，就由它去吧，学会坦然接受会让自己更从容。

杰克和几个朋友在一间废弃的木屋里玩耍，他从阁楼上爬下来的时候，左手食指上的戒指钩住了一根钉子，结果导致食指脱臼了。

一阵刺痛后，手指失去了知觉，杰克吓坏了。最终杰克的食指没保住，他的左手只剩下四根手指。失去了才懂得珍惜，杰克无法接受缺少一根手指的事实，整天生活在自卑、焦虑中。

有一天，杰克和爸爸外出，在楼道里遇见一个开电梯的老人。令人吃惊的是，老人没有左手。“太不幸了，比我还惨呢。”杰克心里默念着。

趁着等电梯的时间，杰克问老人：“请问，您少了那只手，是否觉得特别难过？”老人摇摇头，淡定地说：“不，不会的，孩子，我早就忘记了它的存在，已经习惯了失去左手的生活。你会为剪掉的头发闷闷不乐吗？”

老人一句幽默的戏谑，把杰克逗笑了。从那一刻开始，杰克释然了，不再为失去一根手指而烦恼。既然已经成了现在的样子，为什么不乐观面对呢？

勇敢面对现实，行不通的时候选择改变，人生就会少很多痛苦和压力。

生活中总会有不如意、不开心的事情。面对这些事情，与其在烦恼中苦苦挣扎，不如及时回头，摆脱痛苦的状态。愚蠢的人自寻烦恼，因为他们不懂得变通，一旦遇到麻烦就认为这是倒霉的开始。聪明人面对各种烦恼，会选择躲避和改变，所以不容易被伤害。

如果思考方式、办事理念始终停留在原始状态，不作出改变，自然无法适应环境的变化，也无法有效改变心境。研究发现，一旦被墨守成规的思维方式控制，人们对各问题的判断、理解就会局限在特定范畴内，与周围环境格格不入。

人是有智慧的动物，告别懒惰和等待，学会变通和尝试，才不会一条道儿走到黑。许多有成就的人都拥有一颗开放的心，对新事物保持着好奇心，从不拒绝来自外界的批评，并乐于做一切尝试。

聪明人并非只知道往前冲，更懂得在必要的时候重新审视自己的选择。面对眼前的艰难，换个方向，你会发现一个全新的世界。

用逆向思维考虑并解决问题

很多人在面对问题的时候，会按照自己的惯性思维去思考解决办法，从没想过尝试新方法。如果你正在为什么事苦恼，找不到解决的办法，不妨利用逆向思维考虑问题，可能会有意想不到的收获。

人生的最大成就是对自己的不断改造。这个世界丰富多彩，当你告别墨守成规的心理后，会发现一个全新的世界，一个更好的自己。

一家三口从农村搬到城市，准备找一处房子租住。房主们看到有小孩子，都拒绝出租。他们来到一栋二层小楼前，丈夫小心地敲开了大门，对房子的主人说：“请问，我们一家三口能租住您的房子吗？”

房主看了看他们，说：“很抱歉，我不想把房子租给带孩子的租户。要知道，孩子非常闹心，我需要安静。”再一次被拒绝，夫妻两个非常失望，拉着小孩的手转身离开。

孩子把这一切看在眼里，走了没多远，他转身跑回来，用力敲了敲大门。房子的主人打开门，疑惑地打量着眼前的小家伙。孩子对房东说：“老爷爷，我可以租您的房子吗？我没有带孩子，只带了两个大人。”房东听完他的话，哈哈大笑，最终同意把房子租给这一家三口。

其实，事情并没有我们想象中那么难，是你陷入了思维的定式把自己逼入了绝境。如果你懂得转换思维，自然容易走出困局。

学会逆向思考是如此重要，然而在我们身边，很少有人会这么做。人们喜欢遵从习惯去做事，没有创新思维，视野狭小。

倘若能转换一下角度，以逆向思维来应对，那么你就多了一个解决问题的方法。我们经常听到各种各样的抱怨，因为无法摆脱眼前的窘境。大多数人总是产生这样的疑问：为什么我这么笨？其实，只要改变一下方向，就会发现一个新世界。

在各个领域有所成就的人，不是那些一成不变或因循守旧的人，而是那些敢于创新，敢于打破常规，敢于质疑，敢于做出改变的人。

面对问题的时候，从相反的方向去理解、思考和判断，更容易找到正确答案，能更快从失意和烦恼中解脱出来。

Chapter 07

别让自以为是的人感染和同化你

我们会受到他人情绪的感染，也会影响他人的情绪，这是情绪传导的规律。关键时刻，不要为他人的情绪买单，多一分理性，生活就多一分快乐。

不要小看情绪的传染力

一只蝴蝶在亚马逊丛林扇一下翅膀，经过一系列连锁反应后，就可能给太平洋甚至亚洲带来一场台风，这种现象被称为“蝴蝶效应”。

情绪是可以传染的，不管是积极的还是消极的。我们可能从别人的好情绪中得到正能量，也可能被别人的坏情绪感染。

接受积极情绪的感染，拒绝消极情绪的传染，我们才能保持乐观的心态。一方面，培养强大的心理防御能力，有助于抵抗外界不良情绪的干扰；另一方面，遇到麻烦的时候，懂得用积极情绪感染大家，能够展示出强大的领导力。

周五早上，销售部门的比尔·李斯接到一位顾客的电话，说为了一家船务公司的装配，他几个月前在贝尔公司订了一批安全设备，但是当装配工作快要完成的时候，他才突然发现自己忘记下订单了。这位顾客预计周末完工，这一突发状况将会令他损失惨重，因此惊慌失措之余前来求救。

可是，客户急需的这种设备，贝尔公司只有看到订单才会生产，根本没有存货，而且要装备的话，还需要一种特殊的工具。尽管如此，比尔还是告诉对方会全力以赴提供帮助。随后，比尔跑到工厂，越过整个生产流程，召集大家齐心协力开始工作。

客户需要十五个设备，即便是全力配合，其中的摄像机也无法生产出来。于是，比尔又联系了洛杉矶的摄像机供应商，让其将摄像机空运至洛杉矶机场，比尔在机场拿到摄像机立即回到装配线完成组装。

与此同时，比尔又联系联合航空公司安排航班飞往旧金山，再由旧金山送到西雅图。由于工作人员已经下班，接班的人对此一无所知，比尔甚至与对方大吵了一架。

当时飞机已经离开闸门，所有人都认为来不及了，没想到比尔冲过机场跑道，跑到飞机前，引起了驾驶员的注意。最后，飞机不得不停下来，比尔将货送上了飞机，而西雅图的顾客也在当晚取到了货物，如期完成架设工程。

在人际交往中，一个人产生不良情绪会传递给其他人，让其他人也陷入情绪低谷。你为什么心情不好？是不是刚才听了同事的抱怨或上司公布了一个坏消息？没错，情绪的传染力就是这么大。

事实上，大家都喜欢脸上洋溢着灿烂笑容的人。看着明媚的笑脸，你的心情也会春暖花开。但是，月有阴晴圆缺，人的心情也有喜怒哀乐。当一个心情不好的人在你身边抱怨，或者对你横眉冷对时，该怎么办呢？

是消极应对，让不良情绪毁掉你的一整天，还是积极应对不受坏情绪的影响？当然，聪明人会选择后者，增强自身的免疫力，不受情绪流感的传染。

威廉·华兹华斯曾说："适合自己的生活才是美好而诗意的。"所以，获得幸福最有效的方式就是不为别人而活，不让别人的想法影响自己。

正确处理他人的情绪

情绪很神奇，有时候不由自己决定，反而被他人影响。经验表明，仅仅处理好自己的情绪还不够，正确应对他人的情绪才能理顺各种关系，应对复杂局面。

"处理他人的情绪"，不是影响和干预对方，而是合理应对他人的情绪，不激化彼此的矛盾。尤其是当对方表现出强烈的负面情绪时，要帮助其走出情绪沼泽，并免受其害。

比如，朋友或亲人因为情感或工作上的烦恼找你倾诉，这时候，你要帮助他们疏解不良情绪，让其心态趋于平和。需要警惕的是，你不能被他们的负面情绪感染，陷入自怨自艾的低谷。

一个男孩被老板炒了鱿鱼，非常伤心。想到女朋友和自己的未来，他就觉得眼前一片黑暗。

男孩没有勇气回家，不敢面对自己喜欢的人，不知道如何是好。他不仅仅感到无助，更多的是惭愧和内疚。他突然怀疑自己给不了心爱的人幸福，太无能了，这严重打击了他的自信心。

回到家已经是半夜，女朋友在沙发上睡着了，桌子上放着没有动过的饭菜。

事后，女朋友并没有责备他，只是说，当初两个人一起坚持，一起奋斗，才走到了一起，现在只不过是重新开始而已，不放弃努力才是最重要的。

在女朋友的鼓励和支持下，男孩走出了失落状态，很快找到了新工作，并且实现了自己的诺言。有这样的女朋友在身边，真是一种莫大的幸福。

不良情绪的传染是在潜移默化中进行的。人们总是在不知不觉中让本来绿色的心情染上可怕的灰色，即使你对坏情绪有很强的“免疫力”，也不能保证总是免受其害。所以，为了避免被他人的不良情绪影响，我们应尽量远离情绪消极的人。

此外，没有主见的人最容易受他人情绪的感染。因此，置身他人的不良情绪中，要做到有主见，专注于内心的体验，主动屏蔽外界干扰。

人生就像一段美丽的旅程，因为世人走的路不同，所以风景也不相同——有的路阳光明媚，有的路阴云密布，有的路落英缤纷，有的路绿树成荫。关键是，你要确保自己走在阳光里，远离情绪阴霾。

别让偏见害了你

偏见就好像一堵墙，那些有偏见的人只看到了墙，却看不到墙那边的土地、鲜花与河水，而且固执地认为："墙那边不可能有花朵和河流！"心性宽厚的人有长远的眼光、通达的智慧，所以能避免偏见的危害。在他们眼里，到处都是美丽的风景，满眼都是希望和别人的笑脸。

哈兹立特说："偏见是无知的孩子。"的确如此，人一旦有了偏见，就会失去公正客观的评价，脱离基本事实。整天抱着偏见的人不会有太大的进步，更不会获得成功。生活中大多数人或多或少都抱有偏见，甚至连哈佛大学的校长也不例外。

一对穿着朴素的夫妇专程从外地赶到哈佛大学，他们此行的目的是想见一见这所著名大学的校长。

校长的秘书看到老夫人穿着一套褪色的条纹棉布衣服，而老头则穿着廉价的西装，便轻看了对方。秘书问这对夫妇："你们预约了吗？"

这对夫妇有些底气不足，说道："没有预约。"

秘书想早点把他们打发走，接着说："校长全天都很忙。"

"我们可以等。"老夫人答道。

随后，秘书没再理会这对老夫妇，她断定这两个乡下人等得不耐烦了会自行离开。没想到，过了几个小时，两位老人还静静地坐在那里等候。

无奈之下，秘书只好走进办公室，对校长艾里奥特先生说："有一对老夫妇已经等了几个小时，您能见他们几分钟吗？"

校长无奈地叹了口气，点头同意了。很明显，他不愿意花几分钟时间见这两位老人。特别是当他看到老人的衣着后，更一度认为老人破坏了会客室的环境。

校长板着脸傲慢地走到老夫妇面前。老夫人首先开口说道："我们的儿子曾在哈佛读了一年书，在这里的日子是他一生中最开心的时光。一年前他在意外事故中丧生了，所以我们想在校园的某个地方盖一座建筑，来纪念和怀念他。"

听到这里，校长不但没有被打动，反而被激怒了。他粗声粗气地说："夫人！我们不会为任何一个在哈佛读过书并离世的人建雕像。"

"哦，不，不。"老夫人赶紧解释道，"我们并不是说要在哈佛建雕像，而是捐一座建筑。"

校长瞪大了眼睛，盯着这两个衣着朴素甚至有些破旧的老人，说道："一座建筑！你们知道一座建筑要花多少钱吗？哈佛大学的建筑物价值超过 750 万美元。"

老夫人听完校长的话沉默了。过了一会儿，她转身对丈夫说："建一所学校总共就花这么点钱吗？那我们为什么不建一所属于自己的学校呢？"

于是，他们投资建了斯坦福这所世界闻名的大学。

很多时候，我们失败并不是因为技不如人，也不是因为缺乏成功的机会，而是因为固定不变或狭隘的观念。正是这种观念让人们觉得某个目标不可能实现、某个做法不被允许，从而在很大程度上禁锢了自己的思想，导致了"偏见"的产生。

偏见之于正见，二者相伴相随，有时候还会纠缠在一起，不容易甄别。摆脱偏见最好的武器是包容。一个人偏见少一些，犯错就会少一些，视野就会更开阔，成功的机会也就更多。因此，宽容才是战胜偏见的最好方法。那么，如何拥有一颗宽容的心呢？

对于宽容，可能很难有一个准确的定义，因为它不是一种行为，而是一种智慧。不计较就是宽容的一个重要表现。执着于他人的错误，不仅限制自己的思维，而且会阻碍自己迈向成功。

很多时候，你不喜欢、看不起某个人，并不代表对方真的糟糕，而是你内心的偏见在作怪。所以，别被他人的情绪左右，努力成为一个有主见的人，你会更加成熟并富有魅力。

学会公正客观地看待身边的人和事，并免受外界不良情绪的干扰，才能成为一个持有正见的人，才能赢得外界的尊重。

处变不惊才能成大器

在人生旅途中，我们难免要受到命运之神的捉弄，它让你烦恼、痛苦、屈辱。面对人生的沧桑，我们许多时候是无能为力的。这时候，你要沉住气，坚守内心的理想，等待转机。

控制自暴自弃的冲动，不逆来顺受、不消极颓废，也不逃避事实、不胆小怕事。那么，你就能不屈于命运之神的捉弄，在沉默中坚守远航的信念。

沉住气的人可以把难熬的寂寞、怨愤、艰辛压在心底，不使心灵的天平倾斜；沉住气的人相信寒冰终能解冻，春天必会来到，暴风雨过后的天空更加美丽。倔强的心灵在低调中熬炼，坚强的意志在忍耐中生成，强大的爆发力在忍耐中积蓄。

如果你能沉住气，即使面对人生的无奈也能守住阵地，迎接新的转机来临。反之，遇事沉不住气，太情绪化，不利于解决问题，只会让你错失良机。

最近，杰克的公司发生了一件离奇的事故——有人在电梯里遇难。据说，死者的表情很惊恐，像是被吓死的。这件事情传得沸沸扬扬。

有人猜测，是检修人员失误才导致这次事故；还有人猜测，是因为当时停电了，人被困在电梯里缺氧导致死亡。不管什么原因，一个鲜活的生命消失了，的确是一种遗憾。

最后，调查人员给出了结果，这个人是因为惊吓过度，导致突发心脏病猝死。也就是说，当时一下子陷入黑暗，又无法自救，当事人因为过分惊恐遇难。

遇事慌乱的人，失去了最基本的分析和判断能力，又如何迎接更艰巨的挑战和考验呢？无论面对怎样的危难，都能处变不惊，才能妥善应对眼前的一切。

人生在世，一步一步向前走，就好像爬山，当你筋疲力尽地爬到山顶，以为接下来就是平坦大道时，也许出现在你眼前的是一片沼泽。难道因为害怕就不走了吗？不，请继续坚定地走下去。沉住气，保持情绪稳定，更伟大的胜利在等候你。

福楼拜曾经对学生莫泊桑说：“天才，无非是长久的忍耐！努力吧！”高耸的丰碑、辉煌的业绩都诞生于忍耐之中，生命的负债往往是生命辉煌的开始。当你陷入痛苦的深渊又无法扼住命运的咽喉时，要心平气和地接纳，然后发愤图强，争取早日冲破牢笼。

沉住气的人能有效控制情绪，不被外界打扰心绪，所有的痛苦都能够在忍耐中淡化，所有的眼泪都能够在坚忍中化作轻烟。这样的人生，想不精彩都难！

Chapter 08

快速摆脱消极情绪

情绪是智商的敌人。把负面情绪宣泄出去，减轻内心的压力，解决问题的能力才能回到正常水平。

果断丢掉情感垃圾

每个人都渴望拥有幸福的人生，渴望健康长寿，渴望享受天伦之乐，所以，注重饮食、提升生活品质，就成了许多人关心的话题。除了这些因素之外，还有一点不容忽视，那就是排除情感垃圾，保持心理健康。

就像一座房子需要定时打扫才能保证整洁，内心的情感垃圾和负面情绪也需要定期清理人，才能活得舒心自在。

有的人经历过很多伤心的事情，有忘不掉的人，有后悔的事，有错过的时光，有失败的工作，回首过往的经历，总免不了唏嘘感叹。如果这些不良情绪被保存在心里，久久挥之不去，会严重损耗个人精力。

一个年轻人陷入了焦虑状态，他说："我之所以焦虑是因为我太瘦了，还在掉头发，现在的生活不够好，我很担心给别人的印象不好，总害怕无法做一个好父亲……"

他的精神压力越来越大，身体状况越来越差。后来，他患上了胃溃疡，内心的忧虑也随之加重，甚至因担心自己会死掉而辞去工作。这个年轻人的情感垃圾太多了，每天都生活得很痛苦，他甚至认为，连仁慈的上帝也抛弃了他。

他决定去佛罗里达旅行，可是陌生的地方并没有让他摆脱坏情绪的困扰，他甚至比在家乡的时候还要烦躁不安。

这时候，他收到了父亲的信："我相信，无论身体还是精神，你都没问题。之所以会这样，是因为你把生活想象得太理想化了，内心的情感垃圾太多了。"

在教堂里，神父对年轻人说："能征服精神的人，强过能攻城略地的人。”这时，他才认识到坏情绪的根源。第二天，他果断离开佛罗里达回到家乡，重新开始做以前的工作，不久，又与深爱的女友组建了家庭。

消极、负面的情绪是人生路上的绊脚石，只有果断清理掉，你才能轻装上阵，走得更快更远更轻松。对失恋的人来说，既然已经无法牵到爱人的手，那就果断放开，虽然会很痛，但是抓在手里会更难受。

生活中，许多人抱怨压力大、忧愁多，其实这意味着你在精神上背负着许多不必要的“重物”，所以生活和工作才倍觉辛劳、无趣。生活本就不轻松，因为其意味着一种承担和责任。这时候，如果再额外加上不必要的精神负担，日子就更难过了。

选择放下就在一念之间，但是这一念之间的决定，会影响自己当下的状况以及未来的生活。放下那些没用的东西，会让内心多一些快乐，少一些忧虑。当一个人净化了内心，人生也会明亮起来。

波平如镜的河面怎会照不出明月？万里无云的天空怎会没有阳光普照？显然，让自己的心情像风平浪静的水面，让自己的思想像碧空万里的蓝天，生命才能多一丝亮色和喜悦。

用努力战胜怒气

如果不良情绪一直闷在心里，得不到发泄，就会像蓄满洪水的堤坝，难免被洪水冲垮。那个时候，人的精神可能就会崩溃。所以，当我们产生不良情绪的时候，主动宣泄、释放和疏导，才能避免情绪失控。

当你愤怒的时候，不妨分析一下愤怒的原因，找到问题的症结所在，然后想办法去化解。学会用努力战胜怒气，胜过歇斯底里。

早年，英国外科医生爱德华·金纳不断将“牛痘疫苗对抗天花感染”的论文和实验结果呈给伦敦皇家学会，结果总是被拒绝、被退回。

原来，伦敦皇家学会认为：用牛痘防治人类天花根本是无稽之谈。这让金钠非常生气，诚然，努力的结果得不到承认，任何人都会郁闷。然而，他并没有被愤怒冲昏头脑，很快就重新振作起来。

1796 年，一个小女孩尼尔梅斯因手指刺伤后挤牛奶而感染了牛痘，金钠在她手指的脓包内取出少许脓液，用一根干净的刺针涂到一名 8 岁男孩菲普斯的左胳膊上，然后在涂抹处划了两道伤口，让脓液进入其身体。

结果，菲普斯出现了轻微发烧的感染症状，但很快就恢复了健康。显然，这个过程与少女感染牛痘后的情形一样。不久，金钠又用牛痘脓液依照痘毒接种程序再接种到菲普斯身上，结果后者没有出现任何感染症状。

这一实验验证了“牛痘疫苗对抗天花感染”的科学性，金钠成功了。这个坚强的人没有让愤怒占据心灵，而是化愤怒为动力，通过实验证明了其理论的正确性。随后，金钠自己发行小册子，向医学界阐述这一理论。后来，医生们慢慢接受了牛痘病毒接种预防天花的方式，这种治疗技术逐渐被广泛采用，并迅速传播到世界各地。

愤怒是一种无助的表现。一时愤怒情有可原，如果不能及时控制情绪，总是愤愤不平，会毁了自己。从另一个角度看，无法摆脱愤怒情绪，也是一种心理不成熟的表现。

在我们周围，许多人心理不成熟，他们在人际交往方面屡屡碰壁，在工作上无法取得出色业绩，虽为此懊恼不已，但却无法通过努力改变自己，这显然与心理不成熟有莫大的关系。

研究发现，有些人在心理承受力、耐受力和适应性等方面的表现超越常人，他们能够用努力战胜怒气，并与社会环境及周围人群形成良好的互动，事业也就更加顺利。这种心理掌控能力值得每个人学习。

人生路不可能一帆风顺，总会有些磕磕绊绊，面对别人的质疑和挑战，要学会摆正心态，用努力战胜愤怒，从而取得成功。

给自己松绑，才能走得更远

遇事想不开，纠结不已，对自己没有任何好处，因为无法解开心结，心灵就会被禁锢。患得患失、过分计较会成为人生的枷锁，使自己停滞不前或无法突破，永远局限在一个狭小的空间里，逃脱不得。

在不如意的时候，将心灵从意识的牢笼里解放出来，心灵就会获得自由，而成功的力量正来自这自由的空间。

反之，一个被捆绑的身体将失去行动的自由；一颗被捆绑的心灵，将无法与他人进行必要的交流，生活也将因此而变得灰暗。所以，给自己松绑，让不良情绪释放出来，心才能承载更多有价值的东西。

琼斯是一名会计人员，已经为公司服务了十几年，对工作团队感情深厚。但是，最近他做了一件蠢事，几乎将公司推进深渊。

原来，前段时间公司来了一位新经理，随后公司进行大换血。除了一些不可替代的老员工，几乎所有工作时间不足五年的人都被换掉了。当然，补位者都是新经理的心腹。还好，在新经理的领导下，公司业绩有了较大提升。

虽然大家一开始对裁员不满，但是看到公司效益提升，也就不再说什么了。然而一个月前，琼斯发现公司的财务有问题，而且是新经理背着所有人偷偷做的手脚。

琼斯找到新经理询问，得到的是对方的警告——如果告发，琼斯会丢掉工作。作为家里唯一的经济支柱，琼斯很烦恼，是选择视而不见，还是去告发呢？一段时间里，他为此痛苦不堪，情绪十分低落，根本无心好好工作。

回到家里，看到孩子纯真的笑容，琼斯突然想通了。第二天，他检举了新经理，虽然因此丢了工作，但是不必每天惴惴不安了。很快，他找到一份新工作，过上了安稳的生活。

是谁把你推进了烦恼的沼泽？是谁把你引向了痛苦的深渊？如果你纠结于是谁伤害了你，并苦苦寻觅谁能拯救你，那就真的会被烦恼捆得结结实实了。能让你痛苦不堪的人不是别人，唯有你自己。

一栋房子如果没有窗户，温暖的阳光就无法照进来，新鲜的空气也不能飘进来。人也一样，如果心灵被捆绑，就会感到沉闷，只有释放自己，心才能够通达，心灵的视觉才更清晰。

人之所以会产生烦恼，是由于对欲望的执着。把自己封闭在自己想象的虚幻世界里，会变得不自在、无能为力，从而产生苦闷、失落、反叛的情绪。如果你能做到诚实、不自欺，必然能够靠自己的力量摆脱苦恼和困惑。

不要被他人的论断束缚了自己前进的步伐。追随你的热情，追随你的心灵，它们将带你到你想要去的地方。

勇敢甩开一切束缚

一位哲人说：“人生如车，载重量有限，超负荷运行会使人生走向反面。”人的生命有限，而欲望无限，所以学会辩证看待人生和得失是十分必要的。有时，用减法甩掉人生过重的负担，才能避免不堪重负。

海伦·凯勒在《假如给我三天光明》中说，人们都会选择做最关键、最紧要的几件事，甚至是一件事。

其实，在做出选择的时候，人们就已经知道了人生的真谛——抛开束缚，过减法人生。学会做减法，是在延展人生的厚度和高度。

然而，生活中许多人一直在做加法，对权力的渴望、对金钱的贪念、对成功的追切让人们给自己设置了很多障碍。人生就像一个容器，人们不断往里面加各种东西，有的必不可少，但更多的是不必要的。

在中东，有两个湖世界闻名。

其中一个里面有鱼、虾、各种海藻，阳光能够透过湖水照到水底的贝壳上。它的源头就是约旦河，绿色的树木装饰着河岸，枝叶覆盖着河面，根部吸着甘美的淡水。从山上流下来的河水飞溅着浪花，成就了这个海。因为中东地区水源非常珍贵，人们都是依水而生，所以这个湖被当地人称为“生命之海”——加利利海，每种生物都因它而更幸福。

约旦河作为一条重要的水源在流经加利利海之后，在下游河段，水流变得蜿蜒曲折，最终流入另一个湖。约旦河的终点没有鱼的欢跃，没有树木，没有鸟类的歌唱，也没有儿童的欢笑。除非事情紧急，旅行者总是选择别的路。没有哪种生物愿意在此饮水，这个湖被称为“死海”。

人们都有这样的疑问——这两个湖相邻，为何如此不同？显然不是因为约旦河，不是因为土壤，也不是因为周边的国家。区别在于：加利利海接受约旦河，但决不把持，每流入一滴水，就有另一滴水流出，接受与给予同在。

相反，死海由于海拔低，只是接受约旦河的注入却没有流出，因而海水的盐分过高，是一般海水的 8.6 倍。死海没有潮起潮落，在阳光的照射下，海面像一面古老的铜镜，熠熠生辉。岸边没有惊鸿照影、沙鸥翔集、群鸟嬉戏，水里也没有水草浮动、锦鳞游泳，连小鱼小虾也看不到。

加利利海适时做减法，不仅给予了别人生机，还完善了自己，因而生气勃勃。死海只做加法不做减法，盐分含量变高，连生物都无法生存。人生也是如此，做减法，才能更轻松、更幸福。

人们想要生活得更幸福，就必须当舍则舍，当断则断，卸掉厚重的行囊轻装上阵。以一种平和的心态面对生活，不以物喜，不以己悲，不做世间功名利禄的奴隶，也不为凡尘中的各种烦恼所左右，提升自己的人生高度。

学会做减法，能帮你抛开名缰利锁的束缚，使人性回归到本真状态，从而获得心灵的自由。

Chapter 09

让积极成为你性格的一部分

心理学家马斯洛说：“心情改变，你的态度就跟着改变；态度改变，你的习惯就跟着改变；习惯改变，你的性格就跟着改变；性格改变，你的人生就跟着改变。”

生活失去希望，就成了磨难

生活失去希望，就好像人失去灵魂，虽然还是生活在阳光下，行走在人群中，却已经不再是一个完整的人了。生活中看不到希望，无论对自己还是对身边的人，都是一场磨难。

人总会有情绪低落的时候，可能是因为感情也可能是因为工作。如果大家都受到点挫折就选择放弃，那么这个世界该多么颓废。

对一个人来说，“希望”意味着什么呢？它像沙漠里的绿洲，像荒岛上的同伴，看似不重要，但是却是一个人的精神支柱。人生没有希望，也就失去了方向，失去了目标，那和咸鱼还有什么分别呢？

乔安娜·凯瑟琳·罗琳出生在英国一个不知名的小镇上，没有漂亮的外表和显赫的家庭，是一个普通的小女孩。长大后，她就读的大学也是一所普通的院校。

然而，罗琳的想象力非常丰富，25岁的时候，她来到具有童话色彩的葡萄牙，找到了一份英语教师的工作。

不久，一位年轻的记者走进她的生活，两个人相见恨晚，很快步入婚姻的殿堂。然而，丈夫无法忍受罗琳的异想天开，开始和其他姑娘来往。后来，他们的婚姻走到了尽头，罗琳带着女儿开始独立生活。

坏运气接连来袭，刚离婚不久的罗琳又被学校解聘了。失去了工作，她只能回到家乡，靠领取政府救济金度日。尽管日子很艰难，但是她仍然沉浸在自己的奇思妙想中。

有一次，罗琳坐在冰冷的椅子上等候地铁。忽然，一个人物形象涌上心头。回到家以后，她铺开稿纸开始写作，创作灵感迸发出来，一发不可收拾。

几个月后，她的第一部长篇魔幻小说《哈利·波特》问世了，她找了好多家出版社才得以出版。出乎所有人的预料，这部小说一上市就畅销全国，随后风靡世界各地。随后，她又创作了《哈利·波特》系列作品，也广受市场欢迎。由此，她的生活有了很大改善。

后来，乔安娜·凯瑟琳·罗琳名列“英国在职妇女收入榜”之首。2018年12月，罗琳入选“2018年全球收入最高作家排行榜”，以5400万美元的收入排第二。

对年轻人来说，信念和梦想可以改变一切。每个人都应该在信念的引领下创造奇迹，告别碌碌无为的生活。

美国足球联合会主席戴伟克·杜根说过这样一段话：“如果你觉得自己会被打倒，那你肯定就会被打倒。如果你觉得自己屹立不倒，那你肯定能屹立不倒。你渴望成功，又觉得自己没有取得成功的能力，那你肯定不会成功。你觉得自己会失败，那你肯定就会失败。”

人生的价值并不在于成功所带来的荣耀，而在于树立信念以及努力追求的过程。因此，无论人生的道路是否布满荆棘，都要怀着坚定的信念，执著追求。

信念是改变一切的力量。无论你的处境多么艰难，都要在心底保留一份信念，因为它会激发你的热情和潜能，迸发出无穷的智慧和创造力。可以说，只要信念不死，希望永存，一切羁绊最终都会为你让步。

看看我们身边那些成功的人，你会发现这样一个事实：一切胜利皆始于个人求胜的意志与信念。因此，自信和信念是获得成功的前提。胜利不一定属于强者，但一定属于那些有着坚定信念的人。

希望是黑暗中的明灯，是寒冬的阳光，是一切怯懦和失败的克星。

任何时候都要有梦想，只要心存期待，只要不放弃努力，人生就会有转机。

没有人能使你不快乐，除了你自己

快乐到底是一种什么样的情绪状态？快乐到底从哪里来？有人认为，快乐是别人给予的，如果没有别人，自己就找不到快乐的理由和方式，甚至别人的一举一动都会影响自己的情绪。也有人认为，快乐是由自己决定的，自己不会因为别人的一言一行而情绪失常。

事实上，快乐是多方面因素引起的，但是起决定作用的只能是自己。也就是说，作为一个独立的人，应该有自己的想法，有自己的情绪状态，不能因为外界的变化而情绪失控。

所有人都不明白，为什么爱丽丝总是笑容满面，就好像泡在蜜里一样。她似乎不知道什么是伤心，即便被上司批评，也能笑着接受。凭借这一点，爱丽丝在公司的人缘很好。

只有好友安娜清楚，爱丽丝经历过很多苦难，并非大家看到的那样坚强。其实，爱丽丝也是一个感性的女孩，也有一颗脆弱的心灵，只不过，她遇事的时候总是积极面对，用快乐的心情迎接一切苦难，笑脸示人。

一年前，爱丽丝被男朋友骗走了所有的钱，她孤身一人到另一个城市打工。后来，父母离异，她还要往家里寄钱，供弟弟上学。在背地里，爱丽丝也会流泪，但是她总是告诉自己，生活对自己还算公平。

虽然被男朋友骗了钱，但是她认清楚了一个人，没有与他相伴一生，这是多大的幸运啊！孤身一人到异地打工，能遇到那么多热心的同事，自己又多了许多朋友。父母虽然离异，但是至少都身体健康，可以随时与他们见面。虽然还要寄钱养家，但是弟弟很懂事，学习成绩很好，生活还是充满了希望。

在挫折和打击面前，爱丽丝选择了勇敢面对，所以她收获了满足和快乐。她感谢上帝对自己的考验和恩赐，也把这种好情绪传递给身边每一个人，让大家受益良多。

没有人能使你变得不快乐，除了你自己。如果内心快乐，即便外面电闪雷鸣，你也会面带笑容欣赏大自然的杰作。反之，如果内心不快乐，即便外面春暖花开，在你眼里也黯然失色。

一个人的态度决定了他能达到的高度：如果你认为自己摆脱不了贫穷，那么你一生将会在穷困潦倒中度过；如果你认为贫穷是可以改变的，你就能通过不懈努力过上富足的生活。

人的一生不可能万事顺利，难免会遇到挫折和委屈。无论面对怎样的困难，我们都应当以乐观积极的态度去面对，微笑着迎接生活中的每一天。以乐观的态度面对世界，你的生活就会充满阳光。

心情不好时寻找感谢的理由

因为人的欲望太多而又得不到满足，所以抱怨随处可见：抱怨父母过分管制、抱怨领导严苛要求、抱怨家庭琐事扰乱心境、抱怨社会复杂不公……

怨愤情绪积于胸中，让人常常愁眉不展。是因为人们缺少理解之心吗？是因为人们缺少进取之心吗？其实都不是。根本原因是人们缺少感恩之心。只盯着事情的阴暗面，从不主动发掘事情的光亮面；只抱怨自己所失，从不感谢自己所得，怎么会快乐呢？

美国肯塔基大学的大卫·斯诺登教授曾以一家修道院的修女为研究对象做了一次实验。在修道院里，大家的生存条件和生活条件是一样的，甚至连接受的思想都是无差别的。但是，这些修女看待世界的视角和感受快乐的能力却是不同的。

有两位修女对过去一年的修道院生活做了总结，其中一位修女这样写道："在圣母修道院作为预备修女的这一年，我得到了思想和精神的洗礼，领悟了很多人生和自然的真理，我感到非常幸福。我期盼在未来的日子能收获更多智慧与快乐。"

另一位修女则是这样写的："我迫于世俗生活的苦难和压力来到圣母修道院，现在一年过去了，我虽然被灌输了很多知识，可是我过去的家庭遭遇却并没有因此而改变。我依然不知道未来的希望在哪里。"

两位修女的总结有什么不同？第一位修女积极乐观，充满着喜悦和期盼；第二位修女字里行间充满了悲观和抱怨，没有因为收获知识而感激，反而更加感慨无法改变的过去。

这两段总结代表的是两位修女的心态和视角，以及透过这个视角所折射出的世界。快乐其实就是这么简单，心中有希望的人，看到的自然就是希望；心中有满足的人，感受到的自然就是快乐。

生活的戏弄、社会的压力以及人际关系的复杂，确实给我们造成了很大的心理压力。但是，这就理应成为人们不快乐的理由吗？凡事都有两面性，难道不能从中发掘出有利的、值得感恩的一面吗？

印度诗人泰戈尔曾说："没有岩石的碰撞，哪来浪花的美丽？"在奔流不息的生命之河中，试着以感激之心对待那些坚硬的拦路石吧，正因为它们的击打，生命才绽放出一朵朵美丽的浪花。

人生不可能一帆风顺，当你的付出没能换来同等的回报时，不要怨天尤人，而应把痛苦化作前进的动力。感谢遗弃你的人，是他们教会了你独立；感谢欺骗你的人，是他们增长了你的阅历；感谢伤害你的人，是他们磨砺了你的心智。

不要把不如意都归咎于外部世界，而要为自己寻找值得感谢和开心的理由。其实，快乐很简单，只要你看到了快乐，你就是快乐的；只要你找到了快乐的理由，哪怕是快乐的借口，你也能变得快乐。

唯唯诺诺的人，在心理上没有长大

经验表明，所有成功都是心理上的成功。生活中，有人能够保持乐观积极的心理状态，任何困难都无法将其打败，这样的人大多无坚不摧。

而有的人之所以在人际交往中一筹莫展，或者在工作上屡屡受挫，根源在于他们心理脆弱，对外界的变化不具备应对能力、适应能力和变通能力。他们在心理上似乎还没有长大。

当我们在谈论年龄优势、发展机会、职业选择等影响成功的因素时，请谨记一点：心理状态才是决定一切的关键。如果你历练出一颗强大的内心，任何挑战都不会让你情绪失控，也无法打败你。

康拉德·希尔顿开创了遍布全球的高档连锁酒店，几乎没有人不知道其大名。然而，又有谁知道他在创业初期仅有200美元呢？他为何能取得如此巨大的成就呢？这一切都要归功于希尔顿本人绝佳的心理素质。

1919年，希尔顿经过全面考察之后，决定进军酒店行业。尽管当时身上没有多少钱，但强大的内心告诉他：认准了目标就坚持做下去，一定会有所成就。

希尔顿对自己的判断能力和专业水准有足够的自信，而且做好了遭遇挫折的心理准备，他相信自己有足够的信念走下去，直至取得成功。他凭着超强的自信到处游说，希望银行家和风险投资商们能支持酒店项目，并且给予资金上的帮助。

最后，在希尔顿人格魅力的感召下，再加上酒店项目本身的可行性，金融家们纷纷开始投资。有了资金保障，希尔顿很快就启动了酒店项目。不过，酒店建设进行到一半时，有一位投资商受到谣言的蛊惑，对希尔顿起了疑心，嚷着要撤出资金。

面对突如其来的变故，希尔顿没有惊慌，始终保持着冷静。他准备好现金和支票，找到那个嚷着要撤资的投资商，平静地问道："你是想要现金还是支票？"

不等投资商回答，希尔顿接着对他说："假如你坚持收回投资的话，我不阻拦你，现金和支票任你选择。"很显然，他的自信让那位投资商动摇了。对方犹豫了一下，没有再提及撤回投资的事。

看到那位投资商的情绪已经被稳住，希尔顿决定乘胜追击。不过，他并没有一味地劝说对方打消撤资的念头，而是有条不紊地分析道："你看，现在项目已经进行到一半了，按计划发展下去，你得到投资回报指日可待。如果现在你撤回投资的话，不仅得不到回报，还会赔偿一大笔违约金，相信你不会干这种得不偿失的傻事。"

遇事唯唯诺诺的人，在心理上还没有长大，无法承担自己的职责。内心强大的人选择积极面对，所以能征服对手。

希尔顿无疑是一个心理素质很好的人。用一番坚定的话语感染了投资商，酒店的建设得以顺利进行。此后，希尔顿多次遭遇事业发展的挑战，但是他凭借强大的心闯过了难关，迎来了胜利。

有些人做事过于小心谨慎，放不开手脚，总怕犯错。与他们相处时，我们会感觉特别拘谨。显然，这样的人无法有大作为。

一个内心强大的人有坚定的信念，不仅能感染周围的人，还能影响更多人。一个人乐观自信，能在关键时刻说服别人，也能瞬间激发别人的热情，而这恰恰是大多数人不具备的。

对每个人来说，构筑强大的心灵至关重要。内心强大的人坚定而自信，比那些缺乏自信或软弱无能、自卑胆怯的人更有可能赢得成功。

唯唯诺诺的人缺乏自信，遇到挫折就会情绪低落，自然无法赢得好的机遇。遇事坚强、勇敢，积极面对，才能保持最佳状态，成为最优秀的自己。

Chapter 10

告别心理失衡才会快乐和自在

一个人心绪难平，心理会逐渐失衡，变得患得患失、自怨自艾。学会释怀、懂得包容、放低期望，能让你重回心理平衡状态，重获内心的安宁与淡定。

洒脱的人生需要学会释怀

生活中，总有一些人会离我们而去，总有一些东西会失去。坦然面对失去，学会释怀，心理才能平衡。“释怀”是一种修养、一种境界，也是一种智慧。

学会释怀，才能活得洒脱。人生像是一次长途旅行，沿途有些事并不尽如人意，我们也许会历经许多坎坷，但是只要保持理智，学会释怀，便会拥有克服困难的勇气与信心。

为了内心的平静，请保持一颗宽恕之心。过去的事情已经发生了，时光不可倒流，不必耿耿于怀。一路走来一路忘记，永远保持轻装上阵，心才不累。

布洛和约瑟芬是男女朋友，他们分别经历了无数不愉快的往事，终于在茫茫人海中找到彼此。后来，两个人结婚了，他们心中的幸福和感激无以言喻。

一天傍晚，布洛下班路过菜市场，顺便买了一条鱼，准备回去做晚餐。然而，他突然看见约瑟芬和一个男人在咖啡馆里聊天，好像很亲密的样子。布洛的心情顿时变得很糟。

联想到约瑟芬这个月总是回来很晚，布洛更加忧心忡忡。等约瑟芬回到家，布洛生气地问：“这段时间你总是很晚才回来，很忙吗？”

约瑟芬笑着说：“是啊，分司正好有个项目，这个月底必须完成。”

布洛不耐烦地说：“是吗？今天我看见你去咖啡馆了，是不是有事瞒着我？”说这些话的时候，布洛的声调拖得很长，显然不相信约瑟芬的话。

约瑟芬感觉布洛可能误会自己了，便说："哦，下班时碰到一个老朋友，就陪他聊了几句。"

布洛终于忍不住了，大声喊道："是这么回事吗？我看不是一般的老朋友吧！难道是老情人？既然你现在还忘不了他，为什么不回到他身边去？"

听到这些话，约瑟芬彻底愣住了，心里顿生不满，气冲冲地说道："你在胡说什么？不管以前我曾和谁交往过，都已经成为过去。你不仅侮辱了我，侮辱了我们的爱情，还侮辱了你自己，我对你太失望了。"说完摔门而去。

冷静片刻后，布洛懊恼地往沙发上一坐，又气愤又后悔。他也知道，约瑟芬和那个"前任"早已成为过去，然而看到两个人在一起的样子，他就忍不住嫉妒得发狂。他知道，是自己放不开，对约瑟芬的过去不能释怀。

其实，生活中的许多烦恼都是自找的。有些人执着于追求完美，因而痛苦不堪；有些人对自己犯下的错误无法释怀，对别人犯下的错误不肯原谅，陷于痛苦中难以自拔。这些烦恼让他们远离人群，处于孤独之中。

也许现实并不尽如人意，成长的道路上布满荆棘，但是保持理智，选择释怀，便会有披荆斩棘的勇气与信心。在学会释放心情后，就会觉得豁然开朗。

当你学会了释怀，心就会变得轻松，无论是面对朋友还是仇人，都能够报以甜美真诚的微笑。相反，如果始终不能忘记怨恨，其实既害了别人，也苦了自己。只有忘记那些不愉快，放下责怪和怨恨的包袱，学会释怀，才能拥有更多的快乐。

为了快乐，为了内心的平静，为了光明的未来，请保持一颗宽恕之心，这样你将获得更多。学会释怀是一种达观，一种洒脱，一份人生的成熟，一份人情的练达。

想想那些不如你的人

林肯曾说：“大部分人在决心要变得幸福的时候，就会有幸福的感觉。”在这个世界上，有许多东西可以让人感到满足，可是仍然有很多人在抱怨生活的不如意。想一想那些不如自己的人，做一个比较，或许你就会感觉到幸福。

不同的人对“幸福”有着不同的定义，体会幸福，首要的是懂得知足，活着一天就是福！生活中，我们经常听到有人说：“唉！我怎么这么不幸？”其实，任何事情都有两面性，在你感知不幸的同时，不妨试着去发现幸福，即使我们遭遇人间最大的不幸，也不要放弃，只要活着就是幸福，就有希望！

很多人在努力寻找幸福，费尽心机和力气，却仍旧只能摇头叹息，感叹幸福太远，遥不可及。幸福真的那么遥远吗？其实，真正的幸福就在身边，懂得知足、感恩的人更容易获得快乐，收获幸福。

琼斯与男友恋爱五年后，步入了婚姻的殿堂。然而过了一段时间，她就感到非常厌烦，于是回家向母亲倾诉。

“没想到婚姻生活这么糟糕，跟我想象的完全不一样。我丈夫既没有很多钱，也没有好的职业，每天的日子周而复始，单调无味。我简直无法忍受了。”

听到女儿的抱怨，母亲笑着问：“你们在一起的时间多吗？”

琼斯说：“太多了，我都厌倦整天在一起的日子了！有时候，真想一个人去旅行。”

听到这里，母亲深有感触地说：“你比我幸福多了。当年，你父亲上战场，那种离别的滋味太痛苦了。我每日期盼的就是他能早日从战场上凯旋。可惜，他在一次战斗中牺牲了，我们再也没有见面。没有什么可抱怨的，珍惜你现在的生活吧！能够与喜欢的人在一起，就不要在意其他不如意了。你可能无法想象，我真羡慕你们能够朝夕相处。”

如果你还在为眼前的不如意而耿耿于怀，如果你还在为一时的得失计较，请放低姿态，看看身边那些比你更艰难的人。学会知足，才会快乐。永远不满足的人，即使拥有整个世界也不会快乐。

有的人并不富有，甚至疾病缠身，但是在他们的世界里却充满快乐和满足。最重要的是要有知足者常乐的心态，要知道，站在生活的阴影中永远不会看到阳光。当你不如意的时候，想想那些不如你的人。

人的欲望是无限的，得到一了还想得到二、得到三。做人要懂得满足，用自己的幸福和别人的不幸比较，你就会发现自己很幸运。

对生活的期望不要太高

人生际遇反复无常，不幸常常发生在瞬间，让人措手不及。面对不尽如人意的剧情，还需秉承“不以物喜，不以己悲”的精神，淡定地接受眼前的一切。许多时候，用豁达的眼光看待身边的人和事，心中就会坦然。

如果你仔细观察就会发现，每个屋檐下都有被生活、被命运无情摧残的人，他们内心苦闷，有的在自怨自艾中沉沦，也有的打起精神，放低姿态接受一切，将内心的遗憾渐渐抹掉，重新找回快乐的自己。

一对清贫的老夫妇养了一头牛。一天，老头牵着牛到集市上，准备换点儿更有用的东西。他先用牛换了一头驴，又用驴换了一只羊，用羊换了一只肥鹅，又把鹅换成母鸡，最后用母鸡换了一袋烂苹果。

在回家的路上，老头扛着苹果到一家小酒店休息，遇上了两个商人。闲聊中，老头描述了自己赶集的经过，两个商人听完哈哈大笑。“你回家肯定挨老婆骂。”其中一个商人说。老头说绝对不会。于是，两个商人拿出一袋金币跟老头打赌，说如果输了就白送给他。

三个人来到老头家中。老太婆见老头回来了，非常高兴，兴奋地听着老头用牛换东西的经过。每次听到老头用一种东西换回另一种东西，她都充满了期待，还不时地说：“哦，驴子可以驮东西”“羊奶很好喝”“鹅毛多漂亮啊”“终于可以吃上鸡蛋了”。

最后，看到老头带回家的一袋烂苹果，老太婆仍旧满心欢喜地说：“今晚可以吃苹果馅饼了！”两个商人顿时傻眼了，没想到老太婆这么乐观，即使换东西吃亏了也不恼火。按照打赌约定，这对老夫妇赢了一袋金币。

生活中的难事、难题太多了，如果遇到一点儿麻烦就写在脸上，那你一生都要愁云满面。不要为失去的东西和眼前的挫折而抱怨，因为任何抱怨都是徒劳的，有些事情注定无法马上改变。

一个理智、智慧的人懂得，对生活的期望不要太高。追求成功的时候，就要做好迎接失败的准备；渴望幸福降临的时候，就要准备好面临苦难。生活中，怨天尤人没有任何意义，只有保持平和的心境，才能收获幸福的人生。

幸福快乐的人都有一颗豁达的心，他们遇事不钻牛角尖，懂得随遇而安，找到了与这个世界友好相处的方法。用平和的心感知并理解这个世界，痛苦会少一些，快乐会多一些。

人生就像一场没有计划的旅行，你永远不知道下一步会走到哪个路口。遇到磨难、困苦，乃至命运的“捉弄”时，愤怒无济于事，要懂得随遇而安，相信一切都是最好的安排，心情就会好一些。如果能够化遗憾为淡然，那么心中的苦痛就会少一些，幸福就会多一些。

请牢记，人生只是一场旅行，无所谓幸与不幸，即便身处困苦之中，也要让自己乐观。这既是调控情绪的方式，也是个人成长的智慧。

包容能带给你无穷的力量

苏格兰著名历史学家卡莱尔说："一个伟大的人，以他对待小人物的方式，来表达他的伟大。"宽容是一种修养，是一种气度。生活中，总会有一些意想不到的情况发生，宽容就是面对各种磨难时应有的潇洒。

宽容是一种境界，一种风格。它是春风，所到之处鲜花盛开；它是阳光，带给人间无数温暖。对每个人来说，如果在生活中不包容，不但会伤害到他人，也会给自己带来伤害。

青年时代，林肯曾在印第安纳州的鸽溪谷定居。当时他年轻气盛，总喜欢当面指责别人，甚至经常写诗嘲讽对手。

1842年，林肯在伊利诺伊州的春天镇挂牌做了律师，他时常在报纸上发表文章，攻击那些与之为敌的人。

这一年秋天，林肯讥笑一位自大好斗的爱尔兰政客——希尔兹。在报纸上，林肯刊登了一封匿名信，大肆嘲讽希尔兹，全镇的人都看到了。希尔兹平日里骄傲敏感，哪里受得了这样的侮辱。他马上查出是林肯写的这封信，当即跳上马找到林肯，要与他决一死战。

林肯不愿打架，更反对真刀真枪的决斗，可是为了保全面子还是答应下来。希尔兹让林肯选用一种武器，林肯的手臂较长，再加上曾跟一位西点军校的毕业生学习过刀战，便选用了马队用的大刀。

在指定日期，两个人在密西西比河的河滩上准备决斗，在到场的朋友的劝说和阻拦下，两人最终放弃了这场厮杀。

经历过这件事后，林肯清醒了许多。他没想到自己的嘲讽竟然招致这么严重的后果，而这件事也给了他一个极其宝贵的教训，从这时起，林肯不再批评他人。

宽容是一种美德。能够宽容别人的人，可以和任何人融洽相处，赢得更多朋友和友谊。在这个复杂的社会中，宽以待人能有效减少不必要的摩擦和误解，消除隔阂与分歧。

每个人的修养和利益诉求不一样，所以交往中难免发生矛盾和误会。包容他人的缺点，而非斤斤计较，你自然就会成为有魅力的人。更重要的是，如果你想从友谊中获得快乐，更需要有一颗包容的心，容忍他人的缺陷与不足。

Chapter 11

有些无奈并不能影响人生的精彩

人生是一场修行，你所经历的“爱之深”或“恨之切”，都是找寻自我、完善自我的过程。优化情绪，控制心境，才能成就最好的自己。

做一个懂得欣赏生活的人

罗曼·罗兰曾说:“我们的生活不是缺少美,而是缺少发现美的眼睛。”懂得欣赏生活,你会发现美无处不在。

人们是为了生活而奋斗,不能因为奋斗而忘记感受幸福时光。否则,一个人无论多么成功,无论得到多少财富,都不会快乐,都无法感受到这个世界的美妙。

在美国西部的一个小镇上,一位花匠在自己家的花园种下许多玫瑰花。转眼到了玫瑰花盛开的季节,花匠很高兴,决定把鲜花分给路人,一起分享这份喜悦。

一天,一位少妇经过花园,花匠递上几枝玫瑰花,少妇很乐意接受,但她的丈夫似乎不喜欢花匠的行为。

第二天,一位商人经过花园,花匠照例送过去几枝玫瑰花,商人高兴地说:“玫瑰花真漂亮!”同时,把钱递给花匠。花匠不要钱,但是商人不同意,最后把钱硬塞到了花匠手中。

第三天,一个背着书包的小男孩经过花园,花匠递过去几枝玫瑰花,小男孩把花放到鼻子下边闻了一下,笑着说:“真香啊!谢谢!”然后,他高兴地上学去了。

花匠高兴极了,因为他终于找到了能够与自己分享快乐的人,他的脸上露出了欣慰的笑容。

人生在世肯定会面对痛苦和欢乐,但是不管怎样我们都要感谢生活带给我们的一切。用简单的方法保持平和的心境,生活中的烦恼会轻松化解。幸福的人懂得在烦恼中发现希望,在希望中走向成功,所以他们更容易获得快乐。

用欣赏的眼光去看待世间万物，你就会发现生活的美好。欣赏是一种爱，欣赏生活就是爱生活。爱生活中的一切，欣赏生活中的一切，这会带给我们无限的激情。

心理学家詹姆斯说：“人性中最本质的东西是被人欣赏，我们都愿意被人赞扬或被人欣赏。试着欣赏生活中的每一个人、每一件事，你就会得到开心的一天。”学会欣赏并且坚持下去，你会更容易收获亲情、友情、爱情，从而拥有快乐人生。

用欣赏的心态对待生活，多一些感恩，少一些功利，你会发现生活会带给你意想不到的惊喜。

控制好你的心境

“一个人如果能够控制自己的心境，那他就无往而不胜。”这里的心境涵盖了很多方面，能够掌控心境是情绪掌控的最高境界。

心境究竟是什么？它是一种微弱、平静且持久的带有渲染性的情绪状态，能够在很长一段时间内影响人的言行。工作情况、生活条件、健康状况等，都会对心境造成不同程度的影响。

虽然基本情绪具有情境性，但心境中的喜悦、悲伤、生气、害怕却要维持较长一段时间，有时甚至成为人一生的情绪主导。有的人一生饱经风霜，却总能以积极、豁达的心境去面对生活，这就是受心境影响的结果。

受社会情绪影响，人们会形成独特的情绪特征，对此，社会心理学家曾做过专门研究，认为这主要是受暗示性影响及公众作用的结果。

显然，每个人都要学会正确对待社会情绪，控制自己的心境，努力消除消极情绪，以使自己的情绪回到正常轨道上来。

马克斯威尔《你的潜能》中提到这样一个故事：催眠师把一名运动员催眠后告诉他，他的手“放”在桌子上抬不起来。运动员试图挣扎，手臂上的肌肉一块块地鼓了起来，血管也膨胀起来，但他的手却像被钉在桌子上一样，真的抬不起来。

一位平时能轻松举起400磅重量的举重冠军，在被催眠后连手都抬不起来，这就是心境控制造成的影响。

其实，运动员的力量和平常一样，催眠师并没有削弱他的力量。为什么这名运动员的表现会如此糟糕呢？显然，他很想抬起手，身体肌肉也可以收缩，却无法做到。

原因在于，运动员被催眠后催眠师给了他一个新信念——你抬不起来。当他接受这个信念后，会产生一种力量，抵消那个极力挣扎的力量。说到底，是那个“你抬不起来”的限制性信念打败了他，让他无法施展出原有的力量。

催眠的力量事实上就是信念的力量，在上面的故事中，被催眠者之所以会有力不从心的表现，是因为他接受了消极的信念，从而影响了自己的行动。

今天，一声声喧哗扰乱着整个城市的宁静，掀动着生活的平静，你的灵魂是否也游离于精神家园之外？面对这一切，不能随波逐流，而应该举起自制力这把劈开名缰利锁的利器，为自己劈出一份宁静，让心灵在澄澈的天空遨游。

失意是痛苦的，但如果听任痛苦的心境困扰自己，整日无精打采，岂不是变相的自我摧残？

保持一颗平常心，保持淡定平和的心态，才能宠辱不惊。只有精神强大，内心才会强大。淡定从容地对待人生遭遇，让自己的心境不被轻易干扰，才能获得良好的情绪体验。

积极健康的心态像一束阳光，即使在寒冷的冬天，也能让你感受到温暖。保持冷静、淡然的心境，生活会增添许多平和与幸福，减少许多误解与遗憾。

主动适应无法避免的事实

在荷兰首都阿姆斯特丹，有一座十五世纪的教堂废墟，上面留着这样一句话："事情是这样，就不会是别的样子。"有些事既然已经成为现实，那就接受吧，然后再寻找解决的方法。

人们总在追求美好，却忘了生活原本就充满了未知。现实不是童话故事，没有那么多王子拯救公主的剧情，有些烦恼无法躲避，与其后悔、埋怨，不如像大地承接雨露般欣然接受。面对无法避免的事实，只有主动适应才能减轻痛苦和伤害。

惠特曼写过这样一句诗："哦，要像树和动物一样，去面对黑暗、暴风雨、饥饿、愚弄、意外和挫折。"有些不幸，虽是可怕的灾难，但也是历练的机会。

生活从来不会停下脚步，不会在乎你是否快乐、幸福。值得称赞的态度是接受眼前的一切，或许你会发现事情没有想象的那么糟糕。痛苦是可以忍受的，无需抱怨上天不公平。哪怕现实没留下任何选择的余地，你也可以选择改变自己，从而减少内心的煎熬，活出另一个自我。

俄勒冈州的伊丽莎白·康黎在庆祝美军在北非获胜的那天，得知侄子在战场上失踪了，他感到无比悲伤。这个可怜的孩子是他亲手带大的，在这个胜利的时刻却离去了，这不是上天的惩罚又是什么？

以前，他觉得生活充满了希望，自己热爱的工作、懂事的侄子……

一切都是最好的安排，但是听到侄子失踪的噩耗，他瞬间就心理崩溃了，于是想辞掉工作，回家乡去。

清理桌子的时候，他发现了一封母亲过世时侄子写给他的信。打开信，上面是这样一段文字：“当然，我们都会怀念你的母亲，尤其是你。不过，我知道你会撑过去的，我永远也不会忘记你告诉我的那些道理，永远都会记得你教我要微笑，不管发生什么都要坚强地活下去。任何时候，一个男子汉要承受发生的所有不幸。”

读到这里，伊丽莎白·康黎突然感受到一股力量，他曾经教导侄子要勇敢，要敢于面对残酷的现实，轮到自己怎么就退缩了呢？于是，康黎接受现实，从那以后，他经常给前方的士兵写信，因为他们也需要关怀。此外，他还积极参加感兴趣的活动，结交新朋友，日子过得有声有色。

许多时候，生活是善待我们的，享受它所赠予的一切，才会开心，才能从容不迫。当我们遭遇挫折打击的时候，不妨微笑面对，再苦再难也要开心，也要快乐。真正能够左右我们心情的不是环境，而是我们面对不同环境作出的反应，是个人主观的判断。

哲学家威廉·詹姆斯曾说：“要乐于承认事情就是如此，能够接受发生的事实，就能克服随之而来的任何不幸。”我们改变不了现实，只能承认已经发生的一切，而这恰恰是避免更多不幸的第一步。

逃避现实，会让人意志消沉，无法走出阴影，造成心理上的障碍。对于无法改变的现实，我们要接受，要努力适应，但是，如果事情并没有定局，还有扭转的余地，哪怕只有一线希望、一丝可能，我们也要奋力一搏，把损失降到最低。有了这种态度，忧虑就无法侵蚀我们的头脑。

有些人能够战胜生活中的失败、挫折、惩罚，得益于强大的心理承受能力以及驱散忧虑的智慧，因此接受一切才能改变一切。

自我纠正让你的内心更强大

一个想成就大事业的人，不能随心所欲、感情用事，而应理智对待一切，勇于纠正自己的错误。

即使是厉害的狮子，也不会攻击象群或在鳄鱼池里游泳。每个人都有缺点，但是如果懂得规避这些不足，甚至能弥补自己的短板，就会变得更加自信，从而保持良好的情绪状态。

在许多场合，灵活变通可以帮你摆脱尴尬，展示个人魅力。这种强大的控场能力不但是高情商的表现，也是一种高超的社交能力。

创业之初，马云给阿里巴巴制定的策略是迅速打出去，在海外抢占市场，为亚洲的中小企业打开海外市场。

和马云预想的一样，阿里巴巴在第二年果然把摊子铺到了美国硅谷、韩国，并在伦敦、香港快速拓展业务。战线的急速拉长，使得马云突然觉得管理工作有些捉襟见肘，力不从心。当时，“阿里内部声音很杂”，最大的分歧就是公司的方向之争。

当大家各执一词，莫衷一是之时，马云没了主意，到底听谁的呢？未来该向哪个方面发展呢？阿里的员工来自13个国家，究竟该如何管理呢？马云为此彻夜不眠，忧心不已。

让阿里雪上加霜的是，因为马云将阿里巴巴的英文网站放到美国硅谷，阿里巴巴网上交易需要的贸易人才要从纽约、旧金山空降到硅谷上班，成本比预算的高出好几倍。时值互联网泡沫破裂，互联网公司纷纷倒闭，阿里巴巴的硅谷研究中心也不可避免地处于风雨飘摇之中。

2000年底，马云终于做出了一个自己都感到痛惜的决定，即全球大裁员。同时，阿里巴巴进行了大规模的“人事调整”，撤了欧洲和美国的办事处，甚至连上海、昆明、重庆、大连的办事处也无法幸免。那年的除夕之夜，香港的办事处也遭到了裁员。

无论对马云来说还是对阿里巴巴来说，这都是一个相当难的决定，需要智慧和勇气。事后，马云曾说：“当时做这个决定真的很痛苦！”

2001 年，门户网站新浪、搜狐和网易都遭受了重创。回想起当年的情景，马云仍然心有余悸，“幸运的是我提前了半年，否则自己的权力会彻底失控。”

向自己开刀，说起来容易做起来难。当我们发现自己偏离轨道之时，需要拿出大气魄、下定决心向出现的问题开刀。当然，这不可避免会带来情感上的痛苦，然而唯有痛下决心纠正错误，才能摆脱羁绊，向成功更进一步。

强大的纠错与修正能力，是自信、机敏的表现。这种能力的养成不仅与外界环境紧密相关，还与内在的情绪掌控力有关。

当你愤怒或者伤心的时候，可以暂时将眼前的事情放一放，去做自己喜欢的其他事情，等平静下来之后再着手处理。那时，你会变得理性、清醒。这是处理情绪的有效方法，也会在最大程度上提升个人掌控局面的能力。

想要提升自控力，就不要把坏习惯当作敌人，而应将其看作朋友。只有心平气和地和坏习惯做朋友，你才能控制它们，趋利避害。此外，提高自己的思想素质，人就会变得从容很多，从而能够调节、控制自己的情绪和行为。

在这里，为大家介绍一个“磨炼法则”，即每天强迫自己做一点不愿意做的事情，以提升自控力。马克·吐温（Mark Twain）说过一句话，阐述了如何做到克己自制：“关键在于每天去做一点自己心里并不愿意做的事情，这样，你便不会为那些真正需要你完成的义务而感到痛苦，这就是养成自觉习惯的黄金定律。”

经验表明，自控力弱的人很难有所成就，甚至会因放逐个人欲望而走向歧途。自控力强的人，往往能够严于律己，在事业上取得非凡的成就。

所有烦恼都是自找的

人类的情绪有很多，比如快乐、惊讶、伤心、愤怒、厌恶等，有正面的有负面的。如果我们产生过多的负面情绪就会陷入无尽的烦恼中。

比如，听到一句攻击性或侮辱性的话，人的交感神经系统会兴奋，体内分泌出肾上腺素，然后心跳加快、血压升高，呼吸变得急促，随之产生愤怒。长期沉浸在负面情绪中，会影响身体健康。

33岁，约翰·D.洛克菲勒赚到了人生第一个100万美元。43岁，他建立了“标准石油公司”，日后发展成世界最大的垄断企业。然而53岁那年，他却因为焦虑、恐惧和高度紧张，身体健康每况愈下。

当时，洛克菲勒患上了严重的失眠症，而且消化不良，精神趋于崩溃。医生警告他，必须在死亡和退休之间做出选择。最终，洛克菲勒选择了退休，并下决心“不在任何情况下为任何事烦恼”。

遵守这一生活准则，洛克菲勒保住了自己的性命。他不再忙于工作，学会了打高尔夫球、唱歌，和邻居聊天，有时间还会打理后院。此外，他还坚持做更有意义的事情——把数百万财富捐出去，为更多的人提供帮助。

得知密歇根湖岸边的一所学校因为抵押权而被迫关闭，他立刻展开援救行动，最后将它建设成举世闻名的芝加哥大学。

洛克菲勒致力帮助黑人，帮其消灭十二指肠寄生虫。后来，专门成立了一个国际性的基金会，致力于消灭全世界各地的疾病。在他的资助下，医学界发现了盘尼西林，并进行了多项技术创新。

当“标准石油公司”被政府勒令支付史上最重的罚款时，洛克菲勒只是淡淡地说：“哦，不用担心，我正准备好好睡一觉。”没有人能想到，多年前他曾因损失150美元而卧床不起。

这就是洛克菲勒，经过不懈努力终于克服了人生烦恼，并开创了“死于53岁”，但一直活到98岁的传奇。

真正的快乐与财富、地位、权力没有直接关系。恰恰相反，过分追逐名利、陷于繁杂的事务中会令人情绪失衡、身心疲惫，终日与烦恼为伴。保持良好心境与合理欲望，把烦恼抛在脑后，大部分负面情绪会随之化解，整个人也会变得轻松自在。

心理学家做过一个实验：每周末的晚上，被测试者把未来7天担忧的事情写下来，然后投入一个纸箱里，三周后，心理学家打开纸箱，与被测试者逐一核对每项烦恼，结果其中90%的担忧没有发生。

随后，心理学家让每个人把已经发生的10%的担忧重新丢入纸箱中。又过了三周，再次查看并寻求解决之道。结果，大家发现，这10%的烦恼已经不再令人忧虑了，因为他们已经有能力应对了。

可以说，烦恼都是自找的。据统计，生活中的忧虑有40%属于过去，有50%属于未来，而92%从未发生过，剩下的8%都能轻松应付。

每个人都有七情六欲，烦恼也是人之常情。但是，对待烦恼的态度不同，烦恼对人的影响也不一样。积极乐观的人很少自找烦恼，而且善于淡化烦恼，所以活得轻松、洒脱；而消极悲观的人喜欢自寻烦恼，纠结于某些人和事，终日闷闷不乐。

人生少不了各种麻烦，但是万万不可自寻烦恼。如果遇到不顺心的事，不妨承认现实，看开一点，积极寻求解决之道，重拾快乐和幸福。

烦恼就像天空的一片乌云，如果心中是一片晴空，那么它不会对你产生任何影响。

‖第三辑

心理重建

管好心情，别变成自己讨厌的人

安东尼·罗宾曾说：“你有什么样的感觉，你就有什么样的生活。”悲观的人，先被自己打败，然后才被生活打败；乐观的人，先战胜自己，然后才战胜生活。

你无法改变天气，但可以改变心情；你无法控制别人，但可以掌握自己。管好自己的脾气，就是管好心情、理好人情，最终办好事情。

Chapter 12

聪明人都在努力，你却在抱怨不公平

面对各种烦恼，与其抱怨，不如努力，以宽广的胸襟包容一切，抱怨就会离你而去，好运也会悄然降临。

小心，抱怨会吸引不幸

大多数人产生抱怨情绪，最开始只是因为担心某件事情会发生，从而怨愤或嗔怪他人。用抱怨提醒或者警告对方，似乎令人担忧的事情就不会发生了。但是，实际情况恰好与之相反，抱怨非但不能消除忧虑，反而会使本来不会发生的事变成现实。

抱怨，其实就是在向别人诉说你内心的危机感。伴随着这种倾诉，危机感没有消失，反而会不断加强。起初，你并不相信事情会发生，只是防患于未然，但是随着抱怨次数的增加，你开始相信事情可能会发生，甚至觉得事情马上就会发生。

作为一种负面情绪，抱怨会吸引不幸，你还有什么理由不快速远离它呢？

苏菲带着精心准备的作品，到一家知名的广告公司应聘。前面有许多人等着面试，苏菲便向工作人员要了一杯热水，以缓解紧张的心情。

工作人员把水递过来时，苏菲没接好，滚烫的水全洒了。所幸苏菲没有被烫到，但那张作品就没这么幸运了，湿漉漉的，上面的文字和线条都模糊了。

苏菲顿时火冒三丈，不停地埋怨工作人员太不小心了，这会影响自己的面试啊！苏菲原本紧张的心情更糟了，她坐立不安，抱怨自己运气不好。她开始想象面试人员看到自己的作品会是什么表情，自己该如何解释，越想心里越没底。

轮到苏菲面试了，她深吸一口气，走进房间，因为紧张显得有些慌乱。果然，看到苏菲的作品时，面试官一脸惊诧。接着，她开始辩解，喋喋不休地抱怨自己是多么不走运。

没有一家公司喜欢抱怨的员工，面试官心里有了答案。苏菲没能通过面试，被淘汰了。

其实，苏菲完全可以心平气和地解释，而不必抱怨。因为太在乎别人对自己的看法，所以极力解释，最后反而陷入被动局面。为了消除面试官的误解，苏菲错误地选择了抱怨的方式，结果这种不良情绪暴露了她的缺点，导致面试失败。

抱怨遇人不淑，抱怨社会不公，内心充满了敌意与怨恨，不再努力去改变窘境，不去弥合分歧，于是你离快乐越来越远，离不幸越来越近。最终，抱怨把担心的事情变成了现实，苦果只能自己去尝。

习惯抱怨的人，无法赢得幸运之神的垂青。那么，如何避免抱怨情绪的侵袭呢？心理学家发现，想要养成或改变一个习惯，需要 21 天的坚持和努力。尝试着 21 天不抱怨，就能逐渐学会积极面对一切。

第一，学会换位思考。抱怨是一种传染性极强的情绪，它可以让周围的人也深受其害。因此，遇到令人厌烦的事要换位思考，努力给大脑积极的暗示，主动调节不良情绪。

第二，学会转移不良情绪。在无法通过换位思考消除负面情绪的时候，要试着用别的方法转移，比如听音乐或者跑步，让大脑放松下来。

第三，学会感恩。一个人习惯抱怨之后，短时间内很难改变，因此不妨每天晚上睡前找一件当天值得感恩的事情，最好是具体的小事，几天之后你会发现世界并不是那么讨厌。

抱怨，就是在吸引不幸。面对眼前美好的人和事，要懂得欣赏，并感谢自己拥有的一切。善待人生，不去抱怨，自然容易成为一个幸运儿。

境遇再悲惨也不抱怨生活

这个世界由两类人组成，一类是意志坚强的人，另一类是意志薄弱的人。前者有与生俱来的坚强特质，他们无论是商人、教师还是体力劳动者，无论年龄大小，都可以勇敢面对困难和挑战。而后者遇到困难和挫折总是逃避，面对批评也容易受到伤害或灰心丧气，最终只能与失败、痛苦为伴。

不抱怨生活的人，是命运的主人。因为了解自己，才会更加自信，即使陷入困境也会找到应对的方法。强者之所以不会倒下，是因为他们能勇敢面对自己的弱势和不足，在困难中逆势突围。有了这种积极的情绪和心态，一个懦夫也可以变成英雄。

吉姆居住在纽约附近一个小镇上，是天生的足球运动员。然而，他在中学时患癌，导致双腿被截肢。这本是一件让人崩溃的事情，但是吉姆回到学校之后，却和同学们开玩笑说："我会装上用木头做的腿，到时候把袜子钉在腿上，你们谁都做不到。"

虽然不能重返球场，但是吉姆恳求教练把自己留在球队当管理员。每天，他准时到球场帮教练收拾训练攻守的沙盘模型。这种积极的态度和坚强的毅力感染了全体队员，整支球队在他的鼓励下充满斗志。

有了这份陪伴和激励，球队在当年赛季中保持着全胜的战绩。赛后，为了庆祝这难得的胜利，队员们举行庆功宴，并准备送给吉姆一个全体队员签名的足球，但是，吉姆因为身体太虚弱未能到场。

几周后，吉姆脸色苍白地回到了球队，仍然与大家说笑。教练轻声责问道："为什么没来参加庆功宴？""教练，你不知道我正在节食吗？"笑容掩盖了吉姆脸上的苍白。

一个队员拿出写满签名的足球，说道："吉姆，都是因为你，我们才能获胜。"其实，吉姆的癌症早已经恶化，他回家之后的第二天就去世了。

原来，吉姆一直都知道自己的病情，也知道被父母隐瞒的"六个星期"死期，但是他坦然面对死亡，在生命的最后时刻依然投身钟爱的足球事业，在病痛中鼓励球队去战斗。这种不抱怨的精神感染了每一个球员。

意志坚强的人总能迎难而上，把最悲惨的事实变成最富有创意的生活体验。在苦难面前，他们不会像鸵鸟一样把头埋进沙土中逃避现实，而是接受命运的安排，勇敢迎接挑战。不抱怨的人，不抱怨的人生，终会赢得世人的敬重。

这就是积极情绪的力量，它让人相信未来，令人意志坚定，永远不认输。生活中总是充满了风雨，每个人也难免闹点小情绪。但是，坚强的人很快会抚平心绪，迎难而上。

哪怕在最悲惨的境遇中，也要调整心态，努力奋进。内心强大的人能在逆境中发现转机，在风雨后迎来阳光灿烂的日子，这是积极情绪作用的结果。

心怀不满的人什么都做不好

我们身边不乏抱怨生活的人，他们对很多事情心怀不满，用牢骚表达自己的态度，在宣泄不良情绪中变得更加失落。

因为心怀不满而抱怨，会让一个人丧失理性分析的能力，最终误入歧途。而一个人失去了平和的心境，就无法安放自己的心灵，做任何事情都不得要领，到头来什么也做不好。

杰克在读大学时就是学校的风云人物，一时间出尽了风头。毕业后不久，他就找到了工作。正式上班后，他依然保持着学生时代高傲的心气。

一开始，杰克负责处理各种杂事，有点儿像秘书，同事都称其为“助理”。这个词让他感到很难受，更让他无法接受的是，一些普通员工也指挥他打杂。结果，强烈的失落感让杰克彻底丧失了工作激情，也对职业产生了怀疑。

尽管心有不满，但是杰克提醒自己，要谦虚谨慎，认真对待工作。可是时间一长，他还是会情绪失控，常常被同事的话语激怒，甚至与对方争吵起来。

有一次，经理的秘书请假了，杰克被指派到经理办公室整理文件。过了一会儿，经理让杰克帮忙煮一杯咖啡。显然，这种打杂的事情无法让杰克有成就感。经理瞬间看出了杰克心中的不满，和蔼地说：“是不是感觉打杂没意思？我相信你很有才华，但是年轻人必须从头做起，踏实走好每一步。”

接着，经理示意杰克坐到椅子上，两个人开始聊天。“年轻人，这个世界上不只你一个人心情不好，每个人都有发脾气的时候。”说着，经理把桌子上的一盆沙子推到杰克面前，然后伸手抓了一把，接着，他握紧拳头，沙子从指缝间滑落，寂静无声。

经理深有感触地说：“心怀不满的人，找不到一把合适的椅子。当你情绪低落的时候，要学会放手。无法抓住的东西就像这些沙子，终究会离你而去。”

原来，经理办公桌上的沙子是用来消解不良情绪的。他非常清楚，一个人只有先学会管理自己的情绪，才能管理好公司，管理好员工。一个总是抱怨、牢骚满腹的人，显然无法处理好当下的事务。

心怀不满的时候，如何远离抱怨呢？怎样调整心态、积极接纳身边的人和事呢？对每个人来说，与生活和解是一种智慧。

第一，让自己安静下来，整理思绪。

要妥善处理好各种事情，必须让心静下来，别让负面情绪干扰理性判断。总是抱怨生活不公，诉说工作无聊，无助于改变生活状态，冷静之后整理思绪，才能发现问题的症结，进而找到解决的办法。

第二，调整心态，看问题就会不一样。

心境变了，看问题的角度、视野也会随之改变。一个人少了自省心，就会抱怨，世上没有绝对的公平，面对不如意的人和事，学会坦然接受才是正确的选择。既然无法改变这个世界，那就主动去适应。当你做好自己应该做的事情，好运自然会降临。

别让抱怨耗尽人生的美好

不要带着成见看待事物，心里没有芥蒂，看到的事物才会真实客观，才能形成公允的认知。其实，许多人和事都有其美好的一面，是偏见和抱怨遮蔽了我们的眼睛，让我们无法欣赏这个世界的精彩。

抱怨会让人对眼前的境况简单粗暴地直接定性，丧失正确的观察、理解和判断。

困难来了、遭遇挫折、无法实现梦想，都会让人产生不良情绪。于是，人们开始抱怨，结果把内心仅存的美好一点点地消耗掉了，整个人变得面目可憎。

从恋爱开始，玛丽就对婚姻充满了期待。她很爱强尼，梦想着两个人幸福地走完这一生，然而，婚后生活并没有想象中那么美好。

两个人结婚后，玛丽不像恋爱中那么拘束了，她开始“为难”强尼。

小到生活中的琐事，大到搬家装修，玛丽都只考虑自己的感受，完全不顾强尼的意愿。强尼稍微表达一下自己的意见，她都会不停地唠叨。

一开始，玛丽认为这样做并没有什么不妥，她喜欢掌控一切。渐渐地，她形成了遇事抱怨的习惯，竟然无法控制自己的情绪。而强尼也从开始的包容变得失去耐心，两个人开始争吵。

“夫妻吵架很正常，也许能增进感情。”玛丽甚至这样安慰自己，但是事态很快超出了她的想象。强尼变得桀骜不驯，一刻也不能容忍妻子的骄横。不久，他们离婚了。

强尼对玛丽的谦让，并没有得到玛丽的理解和尊重。最后，失去耐心的强尼彻底放弃了玛丽，争吵将本该甜蜜的婚后生活搞得一团糟。当烦恼代替美好，一切都无法继续了。

生活中不缺少美好，只是需要我们用心去认识、欣赏。如果遇事没有耐心，容易情绪失控，总是抱怨各种不如意，那么人生就没有丝毫乐趣可言。

“永不抱怨”是一种心态，也是保持良好情绪的基本前提。面对不如意的人和事能沉着应对，这是一种境界。在追求幸福人生的道路上，去发现、获取种种美好最重要。

说到底，不抱怨的人才懂得欣赏这个世界、发现生活的美。不幸的人生并非源于外界的险境，而是来自内心美好情感的丧失。拒绝和解、拒绝欣赏、拒绝沟通，这样的心境怎能与这个美好的世界相配呢？

上帝给了你健康的身体、聪慧的大脑、宝贵的时间，就是要你珍惜眼前的一切。发现生活中的美好、人性中的善良，自然会拥有充盈的人生。而选择抱怨的人，注定会辜负这个美好的时代，空留许多遗憾。

抱怨是一种消极的情绪状态，如果不能及时调整，会引发一系列不良后果。不抱怨的人，既是命运的主人，也是幸福的猎手。

永远不要等别人来成全你

一项针对企业员工的问卷调查显示，70% 的人不满意自己的工作，超过一半的人对前途感到迷茫。

这似乎可以解释，为什么许多员工把抱怨挂在嘴边，或者敢怒而不敢言，把不满憋在心里。殊不知，这种不良的工作情绪会成为个人职业发展道路上的绊脚石。

如果你因为对工作不满而抱怨，那恰恰表明你该努力充实自己了。找出个人能力的短板，并积极通过学习补齐短板，日后自然会脱颖而出。

工作之外，人们也抱怨生活，因为各种不如意心生惆怅，情绪低落。在这个世界上，没有人会因为怜悯而成全你，所以一切抱怨都是徒劳的。

戈林出生在美国一个贫穷的乡村，没有受过多少教育。为了生存，他在 15 岁时就到一个建筑工地干活。进入工地的第一天，戈林就下定决心，要成为整个工地最优秀的人。

当其他工人抱怨工作辛苦、环境差、薪水低的时候，戈林没有参与其中，而是独自一人在角落里自学建筑知识。每天晚上，工人们坐在一起聊天，戈林就在旁边读书。他利用一切空余时间充实自己，等待机会的到来。

有一天，经理到工地检查工作，恰巧看到戈林在看书。他走过去，翻了翻这个年轻人手中的书，然后离开了。第二天，经理让戈林到自己办公室来一趟，经理问戈林："年轻人，你为什么那么努力读书呢？"

"很简单，公司并不缺少干活的人，而既有工作经验又有专业知识的技术人员和管理人员却很稀缺，我要成为那样的人。"戈林认真地回答。

经理端详着眼前这个年轻人，微笑着点头表示认同。随后，戈林升职为技师。那些平时只会凑在一起聊天的工人对此有些不以为然，甚至对戈林的升职十分不屑。当然，也有人抱怨自己不走运，失去了这个升职的机会。

此后，戈林并没有放松学习，反而比以前更加努力。他很清楚，自己并不是在为别人劳动，而是在为自己的梦想打拼。只有自己的价值远远超过所得到的薪水时，他才会得到重用，才能把握机遇。

多年后，戈林凭借不懈的努力和坚定的信念，成了公司总经理，在业内享有很高声望。这一切，都是他努力成全自己的结果。

当别人还在为眼前的利益斤斤计较时，戈林已经有了长远的计划；当别人抱怨没有机会时，戈林在默默付出，并最终梦想成真。不是去抱怨，而是采取行动，这是许多人获得成功的原因，也是给予后来者的启示。

戈林身上有两点值得我们学习和借鉴：第一，境遇再悲惨也不能随波逐流，必须有明确的奋斗目标，并为此而努力；第二，在向目标奋进的过程中，不要被周围的环境干扰，坚定信心才能赢得最后的胜利。

人生就是一个奋斗的过程，别指望他人成全你的梦想。有的人空有漂亮的职业规划，一旦遇到困难、挫折就轻易放弃，总是坚持不下去。如果外面的诱惑多一些，他们更会把雄心壮志抛诸脑后，令其成为一纸空文。

你的努力和付出，终将成就无可替代的自己。任何时候，不要等别人来成全你，更别抱怨眼前的种种不如意，管好自己的情绪，用积极的心态面对挑战，命运才会悄然改变，成功才会随之降临。

Chapter 13

生气是拿别人的错误惩罚自己

不善于控制愤怒情绪的人，遇到小小的刺激就歇斯底里。有本事的人没脾气，因为他们懂得控制情绪，内心平和。

赶走心里那只愤怒的小鸟

发现事情与自己的期望不符，人们就会产生愤怒的情绪，用来表达内心的不满。表面看来，愤怒令人畏惧，实际上却暴露了当事人无助的一面。

人在愤怒时会失去理智，伤害家人和朋友。愤怒是一种非常恶劣的负面情绪。通常，人们在愤怒的支配下会不顾他人的感受和想法，做出一些过激的行为，导致家庭失和，朋友反目，自己的健康也会受损。

既然愤怒的危害如此巨大，我们为什么不尝试控制和引导它呢?

艾伦小时候艾伦性格乖戾，经常无缘无故发脾气。有时候，他会把所有看到的东西都摔得粉碎，才能平息心头的怒火。对此，父亲没有强硬地训斥他，而是送给他一大包钉子，让他每次生气时就在后院的栅栏上钉一颗钉子。

艾伦照做了，直到连续钉下12颗钉子之后，他才慢慢学会控制愤怒情绪。之后，栅栏上新钉子越来越少。艾伦发现，控制自己的情绪比在高高的栅栏上钉钉子容易多了。直到有一天，栅栏上再也没有出现新钉子。

父亲带着艾伦来到栅栏边，把钉子一颗一颗地取下来，说道："孩子，你不再乱发脾气了，这样很好。你看，栅栏上留下了很多小孔，它们会一直存在，就像你发脾气时说的气话一样扎进别人的心里。虽然后来你道歉了，但是这些伤痕仍然无法抹平。"

很多人可以在艾伦的身上找到自己的影子。显然，言语的伤害并不比肉体的伤害小，恶语相向等于在别人心口上插了一刀，你一时的愤怒会给他人带来巨大的伤害，也会给彼此的关系造成不可弥补的裂痕。

不照顾他人的感受，自然也无法得到他人的关照。对每个人来说，学会控制愤怒情绪是一门必修课。

第一，尽量把发怒的时间延迟。如果你发现自己经常在某些特定的场合发怒，那么下次遇到相似场合的时候要先提醒自己多忍一会儿。如果第一次忍耐了十秒钟，那么第二次想要发怒的时候就要忍耐二十秒，久而久之你就能控制愤怒情绪，甚至不会因为外界干扰而大动肝火。

第二，把发怒的缘由记下来。在笔记本上记录每次发怒的原因、时间、地点，并认真记录每一次发怒的细节。坚持一段时间后，你就会下意识地提醒自己不要犯相同的错误，从而主动不再发怒。

如果你想管理好自己的情绪，那就不要让怒火上身。损害他人的物质利益，或许还可以弥补，因为发怒伤害别人的自尊和感情，那无异于自绝后路。

发怒之前想一想会有什么后果，懂得掌控自己的情绪，是智者所为。理智地约束愤怒并不是压迫愤怒，而是有效地引导情绪，目的是让自己重回积极的情绪状态。

避免与人发生无谓的冲突

当愤怒的情绪产生之后，如果你不知道如何处理，自然会将其发泄到周围的人身上，给他人带来痛苦。情绪失控既伤害他人，也会让自己陷入被动。

不与他人发生无谓的冲突，能从根源上减少发怒的次数。

有一次，美国总统杜鲁门会见麦克阿瑟，后者是一位十分傲慢的将军。交谈过程中，麦克阿瑟拿出烟斗，装上烟丝，然后叼起烟斗，取出火柴。

划燃火柴之前，麦克阿瑟停顿了一下，转过头看着杜鲁门，问道：“我喜欢抽烟，你不会介意吧？”很明显，这不是真心征求意见。明明已经做好了抽烟的准备，却征询对方的意见，自然令人恼火。

这时候，杜鲁门如果说“介意”，就会显得粗鲁和霸道。尽管被麦克阿瑟缺乏礼貌的傲慢言行弄得有些恼火，杜鲁门还是忍了，不想与他发生无谓的冲突。

会谈结束，杜鲁门盯着麦克阿瑟，略带自嘲地说：“抽吧，将军，今天你喷到我脸上的烟雾，比喷在任何一个美国人脸上的都多。”

身为领导者，必须有足够的涵养和情绪掌控能力。杜鲁门虽然不满麦克阿瑟当众吸烟的举动，但是为了减少分歧和矛盾，他选择了忍让，控制了怒火，以自嘲的方式维护了大局。

当你和别人产生争执的时候，怎样才能控制自己的情绪，避免情况继续恶化呢？

第一，纠正认识上的误区。

一些不理性的认识会影响人的判断和分析，令人头脑混乱，从而对别人发怒。最常见的误区是主观意识强烈，习惯用自己的尺子衡量别人的行为。发生了一件小事，自以为是地认定一个原因，而不考虑实际情况，并为此大动肝火，这是许多人情绪失控的原因。

第二，学会倾听对方的心声。

倾听不只是听对方说话，还要从肢体动作等细节入手，理解对方的真实意图。比如，看着对方的眼睛，留意点头、摇头等动作，有助于掌握正确的信息，减少误解和分歧。对迟到的人别急于指责，无谓地争吵毫无意义，只会把事情搞砸，给对方一个解释的机会，或许结果就会完全不同。

第三，温婉地提出批评。

如果你习惯说“你就这样了”“没救了”之类的话，没有人会和颜悦色地对待你。即使提出批评，也要给对方一些建设性的意见，令其感受到你的诚意与友善，这样自然能消除对方的敌意。

用理解的眼光看待别人，提升自己的共情能力，自然能减少矛盾和误解。

冲动的时候要踩急刹车

人是情绪化的动物，难免会在冲动的时候做出过火的举动，然而，因为一时冲动怒不可遏，往往会把局面搞砸。

实际上，愤怒源于内心情感的放纵以及对现实的无法掌控。当自己无法“为所欲为”的时候，就会变得歇斯底里。图一时之快往往要付出代价，冲动从来都与睿智不沾边。懂得克制冲动，才能理智做事，减少人生遗憾。

小镇上发生一起杀人案。一个人在家中被人砍死，家人也被砍伤。死者身上有七处刀伤，而且刀刀致命，作案手段非常残忍。

当地警方在第一时间到达案发现场，凶手畏罪潜逃，留下了作案用的砍刀。在死者家人的指认下，犯罪嫌疑人汤姆终于被警方抓获。

在警方的问询下，汤姆说：“我也是一时冲动，为了发泄内心的不满，才出手杀人。”原来，汤姆和死者的女儿曾经是恋人，但是因为年龄悬殊遭到了死者的反对。

而直接导致汤姆过激杀人的是不久前的一次冲突。当时，汤姆去死者家中做客，双方争执起来。后来，死者一怒之下拿起木棍狠狠地教训了汤姆，这为后来的杀戮埋下了祸根。

从那个时候开始，汤姆就想找机会报复，于是出现了开始的一幕。

因为一时冲动，伤害了女友的家人，也让自己无路可退。

冲动是魔鬼，但是为什么仍然有那么多人铤而走险，做出无法挽回的事情呢？如果不是因为冲动，他们也不会在怒火攻心之下犯罪。

冲动带来的严重后果远远超出人们的想象，那么如何才能让怒火平息呢?

第一，从积极正面的角度想问题。有人说，把火气发泄出来有助于心理健康，但是一项研究表明，这是一种糟糕的做法，对于平复情绪毫无帮助。心理学家推荐了一种科学的方法，那就是自觉地从积极、正面的角度看待外界的“冒犯”。

比如，开车的时候，有一辆车超车，这时你应该想“他应该有什么急事吧”或者“可能我开得太慢了”。这样一来，你的怒火就被消灭在萌芽阶段。这是一种极为有效的控制负面情绪的方法。

第二，一个很简单很有效的方法——坐下来。产生剧烈情绪波动的时候，血液中的去甲肾上腺素含量明显增高，这种成分会加快血液循环，使人活力倍增。而当一个人全方位地舒展躯体和四肢后，随着活动空间的增大，血液循环又进一步被刺激，从而容易令人发怒。

产生情绪波动的时候坐下来，是通过抑制生理能量供应来减弱怒火。遇事不慌不忙，保持冷静理智，自然能够让心中的怒火慢慢熄火。

怒火的爆发就像高速飙车，害人害己。理智既是控制车速的刹车，也是保护自己和他人的盾牌。愤怒并不是一种勇气，真正的心灵强大是保持冷静、理智。

走自己的路，让别人去说吧

“走自己的路，让别人去说吧！”人们对但丁这句名言耳熟能详，但是能够真正做到的人却少之又少。人生旅途中，难免遇到别人的非议和责难，与其愤怒还击不如平静处之，包容那些令人不舒服的人和事。

其实，流言蜚语就像影子，只要太阳在我们头顶照耀，它们就会缩在我们脚下。不因为别人的言语而愤怒，是一个人成熟的重要标志。

当一个人生下来就有某种缺陷的时候，很容易受到别人的讥讽，从而产生强烈的愤怒情绪。然而，这除了让自己难受之外，没有任何益处。勇敢地面对外界的讽刺和质疑，不把它们放在心上，自然多一分洒脱。

詹姆斯相貌丑陋、身材消瘦，有人甚至给他取了一个“马脸”的外号，他为此感到十分苦恼。

母亲非常清楚儿子的遭遇和感受，于是安慰詹姆斯道：“孩子，你既然天生就这样，就别怨天尤人了。勤奋学习，靠后天努力改变自己的命运吧！”

从此以后，詹姆斯按照母亲的教导，努力学习，后来，他在美国国会参议院任职，开创了卓越人生。

詹姆斯回忆说：“如果我当时不采取任何行动，任凭那些讽刺和愤怒占据我的心灵，我恐怕一辈子都无法有所成就。”

外界对你作出的评价，有些是中肯的，有些是错误的，所以不必在意别人对你的评价。坚守内心的想法，倾听心灵的呼唤，然后去行动，人生大致的方向就不会出差错。

面对他人的质疑和讽刺，愤怒会让你失去理智，真正的智者不会因为他人的某句话而大动干戈，而会按照内心的真实意愿行动。

事实上，在别人面前发怒，甚至大吵大闹，会给人留下急躁、冲动的不良印象，会让你在此后的日子中遭受更多言语的攻击。

不要相信那些贬低你、讽刺你的人，别把他们的话放在心上。一个人有自己的主见，勇敢地向质疑声发出挑战，远比生气更能证明自己的魄力与能力。

无论做什么事都要相信自己，因为他人的一句话而改变主意或者受到影响，只能说明你是一个脆弱的人，内心经受不起一点儿风吹草动。如果你想让自己成为一个内心强大的人，那就试着掌控愤怒的情绪吧！

脾气来了，福气就没了

生活中难免遇到一些不如意的事，这太正常了。比如，开心地抱着玫瑰花去约会，结果因为堵车晚点了；穿着新买的鞋乘坐公交车，结果被人踩了一脚。这些小事通常会让人无奈，进而不由自主地感到愤怒。

然而，生气并不能帮你解决任何问题，反而会阻碍你与他人的沟通，甚至诱发高血压等疾病。

也许有人会说，这是危言耸听，愤怒不过是一种正常的情绪反应。还有人认为，将怒火发泄出来好过一个人生闷气。然而实际情况是，愤怒不仅会影响你的身心健康，还会破坏你的运气。

如何处理愤怒这种不良情绪？最有效的方法就是战胜它，用理解和幽默的方式实现心理平衡。遇事冷静理智，不轻易动怒的人大多是命运的掌控者。因为，他们时刻掌控着情绪，按正确的节奏做事。

周末，当你正在家里休息时，忽然被邻居聒噪的音响吵醒。想一想，你会怎么应对呢？许多人直接敲开邻居的门，厉声训斥对方，一番争论之后双方形同陌路，从此老死不相往来。这种做法显然算不上高明，下面我们来看看科恩是怎么做的吧！

科恩的邻居是一位音乐爱好者，每天下班回家都要播放各种乐曲，并调到最大音量，直到午夜才肯罢休。这严重影响了科恩的生活。

这一天，科恩敲开了邻居的门，微笑着说："请您把录音机借给我一个晚上好吗？”

邻居听了非常开心，说道：“太棒了，你喜欢哪种乐曲？”

科恩微笑着摇摇头：“不，我只是想安安静静地睡一晚。”

邻居立刻明白了科恩的用意，表示今后一定多加注意。

面对吵闹的邻居，科恩既不上门吵闹，也没选择忍受，而是理智、风趣地向对方表明了立场。一句简单幽默的话，瞬间让邻居明白了事情的原委，甚至为此内疚，这可比你冲动地到对方家里大吵大闹更有效。

愤怒会让人失去理性思考的能力，作出错误决定，导致局面失控。一个人脾气太大，经常怒不可遏，显然无法建立融洽的人际关系，自然不会得到他人的帮助，那么福气也就悄然溜走了。

当我们进入陌生的环境，为人处世尤其需要谦卑，不可因为生气而情绪化。而在与人相处的时候，时刻懂得控制自己的情绪，不因小事动怒，自然容易收获好人缘，得到外界更多的理解和帮助。

在我们身边，许多人郁郁不得志，说到底是脾气太差的缘故。他们不善于掌控情绪，经常为小事抓狂，生活毫无条理，工作也没有起色。因为在情绪自控方面存在缺陷，所以他们做人做事都不得章法，这样的人自然无法得到机遇的垂青。

Chapter 14

不是世界太喧闹，是你内心太浮躁

生活的压力让人们对现实和未来充满了不满、恐惧，并由此变得焦虑。除了客观因素，焦虑还与内心有关。心静了，世界就静了，焦虑自然烟消云散。

放不下是一切烦恼的根源

人们对得不到的东西过分渴望，并苦苦追求，自然会心生烦恼，变得焦虑不安。从根本上说，烦恼和焦虑是自我施压的结果。

放弃那些不切实际的想法，过好当下的日子，学会面对现实，就能减少焦虑。有的人为了某个目标奋斗一生、拼搏一生，但是当他得到自己想要的一切后，却发现不过如此，而生命已经因为早年的奋斗消耗一空，失去了太多美好的东西。

人要明白自己真正需要的是什么，哪些是可以放弃的。舍弃某些不必要的东西，放弃贪念，就能消除内心的焦灼感，让身心变轻松。

有一个小男孩把手伸进一个上窄下宽的花瓶中拔不出来了。看着孩子痛苦的表情，妈妈用了各种方法试图把孩子卡住的手拿出来，但是都没有成功。稍微一用力，孩子就会疼得哇哇大哭。

看来只有把花瓶打碎，才能帮助孩子脱困。这个花瓶是价值连城的古董，打碎确实可惜，不过为了救孩子，妈妈已经顾不上这些了。

花瓶打碎了，孩子的手没事。妈妈让孩子把手伸出来，看看有没有受伤。奇怪的是，男孩始终紧握着拳头，好像无法张开。难道是被困得太久了，手抽筋了？妈妈再次变得惊慌失措。

男孩的手终于松开了，他手里是一枚硬币。原来，男孩为了拿花瓶中的硬币才卡住了手，而他始终无法从花瓶中拔出手来，是因为握着硬币不肯放手。

故事虽然很简单，却耐人寻味。在我们身边，许多人正像这个孩子一样，放不下到手的职位、待遇，整天四处奔走，最后荒废了人生。有的人放不下金钱的诱惑，费尽心思想一夜暴富，却常常作茧自缚。我们内心的焦灼、惶恐、烦恼，都与“放不下”有莫大关系。

人生路上有很多美丽的风景，不要为了虚名放弃这些美好的事物。人生就像一艘远行的船，不能超负荷运载，否则就有可能沉没。那些不属于自己的东西，该放下时就放下，不要被其拖累。

对每个人来说，放下是一种了不起的能力，也是获得幸福必须具备的智慧。在关键时刻能够拿得起、放得下，忘记那些不愉快的事情，你就离幸福不远了。

放下那些没用的东西，你才能专注于自己热爱的人和事，远离焦虑的状态。学会放下，烦恼和焦虑自然会消失，取而代之的是难得的轻松与惬意。

别给自己太大的压力

有时候，压力是一种动力，但凡事不可过度，过大的压力会影响人的身心健康，还会给生活、事业、学习造成困扰。懂得控制焦虑情绪，不要因为压力过大而影响正常的生活，坦然与自在才能常伴左右。

在陷入烦恼的时候，很多人会找朋友倾诉，这会使心情好很多。其实，这是一种释放压力的过程。首先，与人交谈本身就能宣泄不良情绪，把想法憋在心里往往更难受。其次，说出内心的真实想法，别人会给你提出建议，有助于你摆脱眼前的困境。

因此，有了压力不要憋在心里，须寻求解决之道，学会放下肩头的重担。不论你是普通老百姓还是社会精英，这个方法都行之有效。

很久以前，有一个年轻的国王经常忧心忡忡。有一天，他做了一个奇怪的梦，梦见自己的牙齿掉光了。国王醒来之后很焦虑，认为这个梦预示着一些不好的事情，于是吃不好饭，也无心处理政务了。

王后看着国王的样子十分心疼，便为他找来一个释梦者。起初，国王并不想说出梦的内容，但是禁不住王后的哀求，才向这个释梦者描述了自己的梦境。释梦者听完国王的诉说，开心地说道："陛下，这个梦是一个好兆头啊！您的牙齿掉光了，这表示您将比家里的所有人都长寿。"

国王听完非常高兴，随后，赏了释梦者一大笔钱，重新过上了安定平和的生活。

每天都会有天马行空的念头在我们脑海中盘旋，当我们心头的欲念无法达成，或者与期望相差太远时，往往会心生失落，乃至变得焦躁不安。如果我们无法将不切实际的想法丢弃，难免生出莫名的压力，让情绪变得更糟。

把内心的压力释放出来，就是清理的过程。心理学家建议，如果你在短时间内无法找到合适的人倾诉，就找一面镜子，对着镜子里的自己说话。通过这种自我对话的方式，可以及时清理脑海中不合理、不合逻辑的思绪，让内心变得轻松自在。

当你把一件小事看得很重要的时候，可以对自己说："这件事既不复杂也不重要，不用天天想着。"对某件事情充满疑虑的时候，你可以对自己说："情况还没搞清楚，不必着急，等问清了原委再说吧！"

千万不要以为这些自言自语的话没用，只要你把内心的想法说出来，就能及时剔除各种负面思想，在释放焦虑情绪的同时增加自信。一个人心情舒畅了，自然会对未来充满希望。

研究表明，言语对身心有很大的安抚作用。从这个角度来看，把压力说出来是一个值得鼓励的好习惯，就像脸上时常保持笑容，心情就不会太差一样。

感觉眼前的事情千头万绪，并因此变得十分焦虑，不如找一个知心的朋友或者有经验的长辈，抑或是专业的辅导人员，说出内心的恐惧和焦虑。把内心的真实想法说出来，再听听别人的意见，自然容易看清问题的症结所在，人生自会豁然开朗。

别为无用的东西耗费精力

许多人内心的焦虑，来自美好理想与残酷现实之间的差距。每个人都在为自己的人生理想奋斗——为事业，苦心经营；为金钱，疲于奔命；为孩子，劳碌奔波；为家庭，日夜兼程。

一个人明确自己努力的方向非常重要，清楚自己和目标之间的距离也同样重要，在制订行动计划的时候，从现实着手，坚持可行性原则，梦想成真的可能性更大，也不会有那么大的压力。

有些人喜欢制定高远的目标，但却并不具备可行性，也无法通过当下的努力实现。显然，做任何事情都要从眼前着手，处理好当下的问题最重要。而对于生活中的某些东西，则不必过分计较，尤其是那些根本无用的东西。

有一个人叫亚瑟，从小就想学一项特殊的本领，对普通人谋生的手艺不屑一顾。长大之后，他带着全部财产去寻找传说中的屠龙者，想要学习屠龙的本领。历经千辛万苦，亚瑟终于找到了那个人，把钱财都给了对方，作为三年的学费。

三年后，亚瑟回到家乡，人们询问他学到了什么，他一脸兴奋地向所有人演示屠龙的技术：怎样按住龙头，怎样固定住龙尾，怎样从龙脊上开刀等。亚瑟正高兴演示的时候，大家笑着问："你有了屠龙的本领，去哪里才能找到龙呢？"

亚瑟听了之后愣在原地，稍后恍然大悟。这世界上根本就没有龙，他的本领算是白学了。

有些东西没有价值，不妨把它们扔掉，专注于有意义的事情，这样一来，内心才会安定。

时光最宝贵，但是很多人并没有体会到这一点，往往需要经历很多波折后才能有深刻的领悟，这不能不说是一种遗憾。学会选择，懂得放弃，是一种人生智慧。丢掉那些不切实际的幻想以及留不住的东西，努力之后才会有收获。

有的人太在乎某些失去的东西，并为此耿耿于怀。既然已经失去了，不如干脆放下心结，坦然面对明天。为了不存在的东西焦虑，其实是在作茧自缚。豁达的人能够坦然面对眼前不如意的事，他们的心里永远是春天。

面对那些留不住、得不到的东西，不如远远地抛开，不再留恋。这是获得内心安宁，让生活轻松自在的有效方法。

寻找你的社会支持

每个人都处在特定的社会环境中，与特定的人交往，形成特定的关系网络——亲人、朋友、同学、同事、合作伙伴等。这些人是我们物质或精神上的助手，并在关键时刻扮演着社会支持的角色。

许多事情注定无法一个人完成，如果无法获得外界支持，会筋疲力尽，劳而无功。当你陷入焦虑情绪的时候，不妨向周围的人寻求帮助，这样肩上的重担便会减轻许多。

家人和朋友永远是我们坚强的后盾，除了一起分享快乐，他们也能帮我们分担痛苦。有了精神交流的对象，遇到麻烦的时候自然有倾诉的窗口，也能从中得到中肯的建议。请牢记，你不是一个人孤独地活在世上，外界的支持能帮你摆脱焦虑情绪。

杰克在美国的一个村庄长大，为了寻找更好的工作，与朋友们来到了大城市。做一名工厂保健医生是杰克多年的梦想，为此他决心找到适合自己的发展平台。

令人沮丧的是，杰克花光了随身携带的钱也没有达成愿望，最后只好到一家工厂做保安，暂时维持生计。微薄的薪水不足以让杰克应付大城市的生活开销，他一度生活拮据，并为此郁郁寡欢。后来，他不得不求助朋友介绍的心理医生。

心理医生问："你现在打算做什么？"

杰克说："我想考临床助理医生资格证书，因为一旦有了证书，就能找到保健医生的工作，今后的生活就会改善，日子也会安定下来。我很清楚，为此要多读书，但是我始终无法专心学习，甚至一看书就会走神。"

心理医生问："你在想什么事情呢？"

杰克说："我畅想考试过关后如何开始新的生活，更担心考试不过关，如何面对未来的生活。如果考试失败，我不敢告诉父母，觉得愧对他们；也不愿意和同学联系，怕大家耻笑。"

……

聊天结束的时候，杰克虽然没有从心理医生那里得到具体的建议，但是他明显感觉心里舒畅多了。这是他最近说话最多的一天，平时很少有人陪他聊天。

心理医生发现，杰克在认知上过于绝对化、片面化，经常否定自己，把不利的因素放大。由于不擅长寻求社会支持，杰克经常会因为一点点失误陷入焦虑。

很多人有过跟杰克类似的经历，缺乏社会支持和帮助，做事往往不够坚定。这时，如果我们和家人住在一起，或者经常与朋友沟通，就会获得一个社会支持系统，能有效避免陷入空虚和无助中。

人们奋斗的目的无非是获得精神上的满足和自我价值的实现，简而言之就是获取幸福。很多人拼尽全力去追求成功，获得高人一等的优越感却未必得偿所愿，于是焦虑、忧心就不请自来了。

有智慧的人懂得借助外力解决各种麻烦，化解眼前的难题。一旦走出困境，内心的焦虑就消失了。因此，遇到麻烦事的时候，别一个人扛着，向周围的人寻求支持和帮助，许多问题就会迎刃而解。这既是做事的方法，也是保持良好情绪的策略。

许多时候，与其用不断取得的成就来满足自我，不如启动我们的“社会支持系统”，从良好的人际关系中获得温暖、爱、归属感和安全感，这样就算是平凡地度过一生，也可以获得幸福。

对于被焦虑情绪困扰的人来说，社会支持就像及时雨，能给其带来足够而且持久的信心和力量。在焦虑的时候，不要忘记去寻找你的社会支持，亲人、朋友和同事都可能带给你意想不到的收获。

和别人攀比，你会变得不自在

人和人之间没有可比性，每个人生下来就有自己独特的体貌特征，而且后天受的教育和社会经历也不一样，大家都是独特的个体。然而生活在群体中，人们会不由自主地与周围的人比较，比长相、比金钱、比地位……

显然，如果拿自己的短处和别人的长处比，很容易导致心理失衡，引发焦虑情绪，影响正常的工作和生活。

其实，与人攀比是毫无意义的，这样做只会扰乱自己的心情，让自己成为情绪的奴隶。而如果把有限的精力放在如何提升自我、改变自我上，相信一定会有令人惊喜的收获。

在英国，有一个关于“攀比先生大卫”的故事。

邻居盖了一幢别致的三层楼房，美丽的花园、大气的车库、宽敞的卧室，令人艳羡。攀比先生大卫看到这一切，心里十分气愤，心想：“哼，难道只有你家有钱盖房子吗？明天我就把房子拆了盖新的！”

第二天，大卫真的把那幢五十年的老房子拆掉了，还找来了施工队，让他们盖一幢五层的别墅。他特别强调新房子要比邻居家气派。

在施工过程中，大卫异常挑剔，多次提出返工，施工队忍无可忍，便终止了与大卫的合同。然后，大卫又找来其他施工队，但是都没合作成功。结果，新房子没盖起来，老房子也拆掉了，大卫只能在邻居新家旁边搭一个草棚住。

五十岁的时候，大卫还没有成家。其实，他年轻的时候有过女朋友，双方相处融洽。那为什么大卫后来单身呢？原来，镇上一个光棍曾经嘲笑大卫，说他没本事像自己一样单身一辈子。一气之下，大卫竟然赶走了女友，并且声称自己要单身一辈子。从此，再也没有姑娘愿意和他相处了。

大卫只活了60岁，而他的去世也是因为与人攀比。当时，一位老人随口说自己会比大卫先死，谁知大卫气愤不过，竟然喝安眠药自杀了。据说，他还给那位老人留了一句话：“我比你先死了！”

很多人看了大卫的故事会笑，可这未尝不是生活中你我的写照。凡事过分计较，比工资、比学历、比吃穿，这种攀比令人心理失衡，令人焦虑不安。其实，我们之所以焦虑不是因为生活不够美好，而是因为太看重别人的生活，失去了自我。

保持良好的心境，不与他人攀比，就会少一些焦虑。这个世界上本来就没有绝对的公平，总是怀着一颗攀比心工作、生活，只会平添许多痛苦和无奈。

在纷繁复杂的人生里，平平淡淡才是常态，永远守住自己的心，就不会被外界打扰。

攀比是最不可取的心态之一，静下心来独立思考，不被外界的杂音干扰，不被他人打乱自己的节奏，生活就会有条不紊，内心自然安定。

Chapter 15

迷茫时，去寻找生活的乐趣

抑郁是个枷锁，戴着它永远不会好起来。寻找生活的乐趣，积极思考，你会发现不完美才是真的美。

打开紧锁的心门

每个人的生活都不可能一帆风顺，总会遇到一些预料之外的挫折和磨难，甚至有的人还会遭遇灭顶之灾。如果遇到不顺心的事就忽视未来还有光明和美好，那么就相当于给自己的心灵上了一把锁，自囚于忧郁之中，与美好的事物隔绝。

哈里·胡迪尼是世界级的魔术大师，他的拿手绝活是在短时间内打开复杂的锁，而且从未失手。后来，他向全世界发起挑战：在一小时内打开任何一把锁，前提是穿着特制的道具服，并且不能有人观看。

英国一个小镇的几个居民接受了挑战，有意为难一下胡迪尼。他们精心打造了一把看上去非常复杂的锁，配上一个坚固的铁牢，看胡迪尼能否从中逃脱。很快，胡迪尼来挑战了。

等所有人都离开后，胡迪尼拿出特制的工具尝试开锁。半个小时过去了，他还没有打开锁；一个小时过去了，锁仍然没有被打开，他开始冒汗。在规定的时间里，哈里·胡迪尼没能打开锁，只得筋疲力尽地将身体靠在门上。

没想到，牢门却顺势打开了。原来，牢门根本就没有上锁，那把看似很复杂的锁只是故弄玄虚罢了。

为什么世界级的逃脱大师却逃不出普通居民精心设计的牢笼？因为他心中的门已经上了锁，完全没想到这把锁根本就没有锁。他可以打开这个世界上的任何一把锁，却没办法打开自己心中的锁。

实际上，很多人心中都有这样一把锁，限制着你的想象力与行动力，使你在许多问题上作茧自缚。打开紧锁的心门，就不会为某些事情忧伤、抑郁了。那么，如何做到这一点呢？

第一，审视自己的锁。对胡迪尼而言，他如何努力都打不开的门，却经不住轻轻一推。当一个人非常自信而且认为自己无所不能的时候，致命的弱点就会随之放大，经不起现实的轻轻一推。任何时候，自知是成功的开始。

第二，别锁住自己的快乐。如果只知道抱怨命运不公、人生不如意，那么这把无形的锁就会悄悄地封闭你的心灵，让你无法与快乐牵手。总是羡慕别人过得幸福快乐，嫉妒别人富有，会让我们失去快乐。

第三，凡事都要懂得感恩。随着年龄的增长，人们学会了计较，学会了竞争和攀比。对人对事不再抱感恩的心，自然就少了轻松自在，感恩生活的人，才能收获幸福快乐。

许多人活得不开心，整天郁郁寡欢。这时候，最应该做的是打开自己紧锁的心门。此外，换一种思维方式，也有助于找到解决问题的方法。

一个人可以没钱、没地位，但是必须拥有一颗宽容的心，避免将自己的灵魂锁死。只要打开自己的心锁，你就会发现到处都是美丽的风景。

别让自卑毁了你

自卑是一种非常消极的自我评价，会将人带入忧虑、抑郁的不良情绪中。一个自卑的人往往无法认清自己的能力，总是拿自己的短处和别人的长处比较，从而感觉事事不如人。

经验表明，自卑会让人丧失自信、悲观失望、不思进取。如果无法消除自卑的影响，人生的道路注定充满惆怅和孤寂。“我不行”“我会失败”，自卑的人常常把这些话挂在嘴边，同时又有极强的自尊心，导致内心充满矛盾。

事实上，每个人都曾自卑过，自卑是一种正常的心理，但是，如果不及时走出这种心理，任其掌控你的大脑，你就可能因此陷入低落的情绪中。

1951年，英国人弗兰克在一次实验中发现了DNA的螺旋结构，这在当时是非常伟大的成就。为此，他召开了一次报告会，整个英国科学界为之轰动。

弗兰克生性自卑、多疑，当大家为了这一科学成就欢呼雀跃时，他却开始怀疑论点的可靠性。当时，几位比他更权威的科学家都没有发现DNA的螺旋结构，这让弗兰克开始自我怀疑，并因此郁郁寡欢，后来竟然放弃了先前的假说。

然而两年之后，霍森和克里克也从照片上发现了DNA分子结构，并立刻进行了更深入的研究。他们取得研究成果后照例召开报告会，提出了DNA的双螺旋结构假说，并因此获得1962年的诺贝尔医学奖。

弗兰克的故事告诉我们，沉浸在自卑的情绪中不能自拔，只会毁了自己。如果能自信地面对一切，坚定信念、勇往直前，就一定能够走向成功。

如果你缺乏自信，并因为自卑而忧郁，不妨找找自己的长处，来弥补自己的缺点。具体来说，还需做好以下几点。

第一，客观、正确地认识自己。一个人只有对自己有正确的认识，才能接纳自己。自我认知总是伴随着自我评价，公正的自我评价有助于在情感上获得积极的心理暗示。此外，对于自己的弱点和不足，也要欣然接受，而后再想办法努力改进。

第二，把注意力集中在自己的优点上。如果把注意力集中在自己的优点上，多做自己擅长的事情，工作自然会有起色。这些都能增强、支撑起你的自信心，从而使你获得良好的情绪体验。

第三，适当自我欣赏。能自我欣赏的人更自信，懂得自我激励的人则能突破困境。把你取得的成绩写在纸上，充分认识自己的价值，自然能在情感上自我肯定，这有助于克服眼前的困难，摆脱消极郁闷的情绪。

平时尽量选择积极乐观的人交朋友，尤其是那些懂得欣赏、肯定你的人。外界正面、良性的评价，有助于你重拾自信，走出情绪低谷。

患得患失的人不得安宁

一味地担心得失，对什么事都斤斤计较，人生就会像背了枷锁一样沉重。

有的人在做事前要反复考虑，完事后仍然放心不下，对各个细节都很在乎，一旦有什么差错，又非常在意别人的评价。他们被患得患失的阴影笼罩，人生没有一点安宁。

而当他们有所成就的时候，本应有的信心、快乐也不会到来，他们反而会怀疑自己的能力，并因此闷闷不乐。已经发生的事情就不必放在心上了，凡事多一些豁达，自然会更轻松。因为患得患失而处处忧心，这样的生活有什么乐趣呢?

古代欧洲有一个神箭手叫安德鲁，无论立射还是骑射他都可以百发百中，从不失手。英国国王邀请安德鲁去做客，想一睹其神技。国王派人在花园中竖立了一个兽皮箭靶，靶心只有眼睛大小。

国王说："请展示一下你的本领吧！为了让这次表演更加精彩，我来定一个赏罚规则：你有三次射箭机会，如果你射中了，会得到黄金万两；如果射不中，你将失去以往的名声。现在，请开始吧！"

听了国王的话，安德鲁的脸色顿时变得凝重起来，心中也开始紧张。他慢慢抽出一支箭，搭上弓弦摆好姿势，开始瞄准。如果在平时，他根本不用如此小心，随手一箭就可以射中靶心，但是这一箭不同，胜负有明确的赏罚。想到这里，安德鲁心跳加速，甚至拉弓的手也开始微微颤抖。

安德鲁花了很长时间瞄准，几次想把箭射出去，却又收回来继续瞄准。反复多次之后，他终于下定决心射出一箭。结果，箭没有命中靶心，偏离了足有三四寸。安德鲁更加紧张了，焦急之下后面两箭竟然都没有射中靶心。

最后，安德鲁满脸羞愧地收起弓箭，失落地与国王告别，离开了王宫。对这个结果，国王也非常失望，但是又心存疑惑，就问大臣："听说他射箭技术高超，百发百中，为什么今天表现这么差，难道是名不副实吗？"

一位大臣回答："您事先立了一个赏罚规则，显然加重了安德鲁的心理负担。他射箭的时候患得患失，所以发挥失常。"

安德鲁作为欧洲有名的神箭手，在得失面前都会发挥失常，更何况是一般人呢！想要避免患得患失，就要做到不被外物干扰，保持一颗平常心。能够做到这一点，自然能保持良好的心境，拥有积极乐观的情绪。

第一，别把得失放在心上，知足常乐。不要与他人比较，有比较就有伤害，患得患失的不良情绪只会扰乱你的正常生活。看淡得失，努力做好自己，自然能发挥出正常水平。

第二，做真实的自己。只要能做真实的自己，走自己的路，就不会被患得患失困扰。人生的忧愁一直存在，走自己的路，看淡外界的评价，便能多一份坦然。

第三，看轻名与利。人生短暂，名与利就像虚幻的梦境，并不可靠。许多人为了一时的名利放弃了内心的真实意愿，到头来得不偿失，只留下深深的遗憾。请牢记，人生最有价值的不是名和利，而是自己的生命与理想。

遇事优柔寡断，无法掌控自己的情绪，就会变得郁郁寡欢。清楚自己需要什么，想得到什么，应该放弃什么，而后努力行动，才能有所收获。

请把烦恼抛在脑后

烦恼充斥在人生的每个阶段，有的人善于排解烦恼，轻松与它擦肩而过；有的人难以自持，总是与它亲密接触。

不被烦恼打扰的人，一定心胸宽广，为人宽厚。他们积极乐观，即使陷入困境、面对坎坷，也懂得苦中作乐，所以快乐总是环绕在其周围。

有一次，卡耐基在厨房擦拭碗盘，在旁边洗碗的太太哼着歌。这让卡耐基很有感触，心想："我们已经结婚18年了，她也洗了18年的碗，但是她依旧那么快乐。如果在结婚时想到此后必须常年洗碗，那些沾满油污的碗盘堆积起来恐怕要装满一个仓库，势必会吓退所有的新娘。"

卡耐基的妻子为什么不会为洗碗这件事情烦恼呢？卡耐基认为，那是因为她一次只洗一天的碗，而不会想着明天还要再洗。如果想着今天、明天以及后天要洗那么多碗，必然会觉得痛苦不堪，烦恼丛生。

由此看来，关注眼前的事情，不沉迷于往日和未来的忧心事，烦恼自然就少了。卡耐基想到自己，每个周末的早上站在讲台上，告诉别人如何更好地生活，但是自己的生活里却充满了烦恼，这实在令人遗憾。

想通之后，卡耐基不再烦恼了。不久，他的胃痛也随之消失了，每天晚上睡得很香。后来，他经常对人说："我会把昨天的不安一股脑儿地抛到垃圾桶里，同时我也决不考虑'今天'洗'明天'的脏碗盘。"

遇事不自寻烦恼，生活才能充满阳光。即便碰到为难的事，也不必陷入忧虑，专注于解决问题，心境就会好起来。那么，如何不被烦恼侵袭呢？陷入迷茫时又该如何收拾心情呢？

第一，不为任何事烦恼。在任何情况下都不为任何事烦恼，这是避免烦恼的前提。此外，心情不好的时候，可以主动做一些有意义的事情。一个人能够掌控内心，不被外界的人和事牵绊，自然能减少不必要的麻烦，拥有快乐的时光。

将烦恼抛至九霄云外，不让其干涉我们的生活、禁锢我们的思想、搅乱我们的情绪，才是智者所为。

第二，把工作和生活分开。工作是工作，生活是生活，很多成功人士都能够把两者完全分开。能从繁忙的工作中脱身，及时转移到生活中来，就能暂时摆脱工作中的烦心事。善于及时转换角色和心情，不但能缓解紧张的神经，还能在自由切换中体验不同的人生，领悟生命的要义。

善于把工作和生活分开，更容易收获幸福的人生。人生的许多烦恼往往与想不开、看不透有关。在工作时不受生活的影响，也不让工作干扰正常的生活节奏，许多看似不胜烦恼的事情就能轻易解决。

生活总会有不尽如人意的地方，如果不能在主观上阻止那些令人不快的事情发生，那么就应该努力去遗忘。尽量不和烦恼纠缠，是保持心情愉快、笑对人生的重要方法。

想得开是天堂，想不开是地狱

“一念天堂，一念地狱”，有什么样的心态就有什么样的人生。

人的一生，多多少少都会有起伏，不会永远一帆风顺，也不会永远穷困潦倒。这种起起落落，对个人来说是一种磨砺，如果思绪打开了，心境平和了，那么所谓的挫折和磨难也就不复存在了。

正所谓“心境决定心情”，遇事能够想明白，就能保持健康向上的心态，即使身处黑夜也能看到希望的曙光。

麦吉毕业于美国耶鲁大学，他外表英俊，身材挺拔，而且在足球和表演上小有名气。然而在一个普通的夜晚，一辆卡车夺去了他的左腿。

当麦吉在医院重症监护室醒来的时候，他的左腿膝盖以下部分已经被切除了。在外人看来，他即将面对的是悲惨的人生。

然而，麦吉并不甘心就这样在轮椅上过一辈子。出院后他开始跑步，决心把自己锻炼成全世界最优秀的独腿人。当时，他的腿还在康复期，面对疼痛的折磨，麦吉咬牙坚持了下来。

后来，麦吉在三项全能比赛中获胜，他骑着脚踏车疾驰，群众夹道欢呼。突然，人群中发出一阵尖叫声，麦吉扭头一看，只见一辆小货车朝他直冲过来。

麦吉四肢瘫痪了，只能稍微动一动手臂。刚刚 30 岁，这个年轻人就再次遭遇了重大的不幸。麦吉不甘心躺在病床上度过余生，决心站起来，过上独立的生活。经过艰苦锻炼，麦吉终于能自己洗澡、穿衣服、吃饭了。对此，医生也大感惊奇。

当然，这仅仅是开始。随后，麦吉开始了残酷的康复训练。他对自己说："你是过来人，知道该怎么做。你要拼命锻炼，不怕苦，不气馁，一定要离开这个鬼地方。"

由于坚持不懈地训练，麦吉的康复速度之快出乎所有人预料。仅仅 6 个月后，他就开始独立生活了。又过了半年，麦吉在一次三项全能运动员大会上，发表了一篇激动人心的演说——《坚忍不拔和人类精神力量》。

不要为过去的遗憾难过，也不必为明天的未知焦虑，更别为眼下的不幸耿耿于怀。想开一些，懂得顺其自然，就会快乐一些，因为生活本没有我们想象的那么糟糕。

人一生中总会遇到不如意的事情。也许你无力改变眼前的窘境，但可以尝试着调节心情，改变一下看待事物的态度。

第一，正确面对人生的遗憾。不要纠缠在以往的痛苦回忆中，在最短的时间里接受灾难造成的遗憾，自然能减轻内心的压抑和痛苦。

第二，努力弥补遗憾。承认现实生活中的不如意，并通过自己的努力去弥补这些遗憾，努力后心境自然会变好，这是积极心态的力量。

不幸降临了，最好的办法就是让它尽快过去，从而腾出更多的时间去做更有价值的事情。心境变好了，世界也就变好了。

Chapter 16

现实有多残酷，我们就该有多坚强

现实很残酷，太多的人和事让人伤感、难过。但是，内心强大的人不会被无情的现实和悲伤的情绪击倒，他们逆势而上，在苦难中学会了微笑成长。

学会与痛苦情绪相处

人生充满了偶然性，并不由你完全掌控，在欢笑之外，总会有痛苦相伴。陷入痛苦情绪的时候，如果任由这种糟糕的情绪发展，整个生活就会变得一团糟。

事实上，痛苦并不可怕。许多人对它不了解，遇见了就躲避，缺乏面对的勇气。如果你能够坦然看待痛苦，就能与之和谐相处，并找到妥善处理的方法和策略。我们身边有很多人不会妥善处理痛苦，结果给自己和家人带来无穷的烦恼。

帕克生活在美国的加利福尼亚州，是一名积极乐观的高中历史老师。他和妻子结婚五年了，两人在同一所学校教书。平日里，帕克像阳光大男孩一样，总是笑嘻嘻的，他与妻子的感情也很好。然而，这一切都在那天下午改变了。

当时，帕克兴高采烈地回到家，手里拿着一束鲜花，准备给妻子一个惊喜。然而，他万万没想到，妻子正在与人偷情。帕克愤怒地与那名男子扭打在一起，妻子吓得大喊大叫。

一怒之下，帕克与妻子离了婚。帕克不明白自己到底做错了什么，也想不通妻子为什么会背叛自己。他很爱妻子，于是迁怒于那个男人。

帕克纠结于生活的不公、人性的虚伪，陷入了深深的痛苦中。显然，药物也无法根治他内心的痛苦。于是，他把这种痛苦的情绪展现在家人面前。

帕克变得桀骜不驯，对家人颐指气使。他开始讨厌父亲，认为他自私自利，根本不爱自己。对于身边的人，帕克感觉每个人都是戴着面具的小丑，内心藏着不可告人的秘密。

慢慢地，帕克变得易怒，暴力行为也越来越多。由于始终无法正视已经发生的事，他始终活在痛苦的角落里，被悲伤包围。

人们会因为朋友的一句话而生气，也会因为排队付钱等了太久而郁闷，但是却不会讲出来，而是憋在心里，为此痛苦不堪。这些不良情绪聚集在心里，如果长时间得不到释放和缓解，整个人的状态就会变得非常糟糕。

如何才能与痛苦的情绪和平相处呢？人们为此花费了太多的时间和精力，却很少有人能做到。

心理学家提醒人们，在痛苦的情绪还未形成之前，务必要努力将其化解。比如，心情不佳的时候一定要懂得调节，有些事不方便说出来就去做运动、听音乐、逛街或吃饭。总之，对不良情绪不能听之任之，才能免受其害。

如果痛苦的情绪已经形成，也不要害怕，勇敢地正视它、接纳它，才能有效消除内心的焦虑、担忧和伤感。你可以去看心理医生寻求心理治疗，也可以采用移情的方式进行自我治疗。

人生就是这样，既有无穷的快乐，也有无尽的痛苦。学会与悲伤的情绪相处，坦然接受已经发生的事，自然能找寻到步入人生下一阶段的路径。如此，你才能有苦中回甘的体验，才能了解并掌握幸福的真谛。

在痛苦中沉沦或抱怨没有任何意义，因为已经发生的事自然有其发生的道理。在痛苦中，你可以感受到更加真实的生活，可以看清这个世界的真面目，也可以激发自己更大的潜能。痛苦会让你变得强大起来，从而在未来的日子里更加坚定、从容。

生命无常，请别辜负好时光

“常”指的是常态，长期没有变化。而“无常”提醒着人们，变化是绝对的，这个世界上没有固定不变的东西，唯一不变的就是一直在变。

今天不知道明天会发生什么，甚至此刻也无法预计下一秒的状况。即便你做好了准备，计划了许久，生命的轨道也会因为某一个意外而偏离原先预设的方向。

或许昨天你看到的是一张笑脸，而今天他却满面愁容。人生充满了偶然性，但是总有一些美好的事情令人振奋、期待，所以，请珍惜眼前的好时光。

菲比从小就喜欢写作，大学读的是文学专业。凭借文学方面极高的天赋，她年纪轻轻就出版了两部畅销小说。然而谁也没有想到，菲比体检的时候查出了脑瘤。

起初，菲比单纯地以为这只是一个小手术，只要把肿瘤切除就能恢复健康。后来，得知脑瘤手术的危险性比其他的肿瘤手术还要大，她被吓到了。然而，菲比很快就调整好了情绪，开始乐观地面对一切。

她积极配合医生进行治疗，做好了承受各种痛苦的准备。化疗的时候，她的头发几乎掉光了，这对一个女孩子来说是莫大的打击，但是菲比非常乐观，没有了真头发，她就买各种各样的假发，还开心地对大家说，自己终于可以天天换发型了。

生活中，菲比坚持与朋友们聚会、郊游，珍惜每一次与大家相处的机会。当然，她也没有放弃自己的爱好——写小说，用文字把自己的经历记录了下来。在日记中，她详细描述了每天发生的事情，并感恩生命给予的爱。

与那些在痛苦中消沉的人不同，菲比没有埋怨上帝为何让自己生病，她享受当下的每一分、每一秒。她说，如果不是因为脑瘤，她可能还不会意识到朋友和家人的重要性，也不会有这么好的题材写小说。

菲比终究还是离开了这个世界，但是她没有遗憾。她微笑着与这个世界告别，在家人和朋友的陪伴下度过了余生，给大家留下了一本充满欢乐和力量的小说。

菲比的文字给更多的人带来了启发，这是菲比的精神遗产。人不能沉浸在生命无常的宿命论中，而应该感受生命的美好。

人生不会总是晴空万里，总会有阴云密布的日子，懂得珍惜与感恩的人永远对生活充满信心，不会陷入悲伤。

所谓“忧伤”，不过是消极面对生活的一种感受。成熟的人不会让阴霾遮挡阳光，他们能看到生活艰辛的一面，也懂得珍惜眼前的每一分每一秒。我们都应该认真而努力地活着，感谢每一个或阴或晴的日子，不辜负天赐的好时光。

忘掉那些伤心的人和事

一位哲人曾说:“只有学会忘记苦难和不愉快，才能成为幸福的人。”这句话道出了许多人不幸福的根源——不会忘记。

生活总是喜忧参半，有甜也有苦，有乐也有悲。一个人如果长期陷入苦闷、悲愤的情绪中，即使有快乐的事也无法令其振奋，生活注定会被乌云笼罩。

面对繁杂的日子，如果对那些令人不愉快的事耿耿于怀，心里又怎么会装下快乐和幸福呢？每个人的时间和精力都是有限的，只有主动忘掉那些伤心的人和事，才能亲近美好，远离悲伤和烦闷。

鲍勃·彼得雷拉是美国洛杉矶一位电视制作人。他已经六十多岁了，依然保持着充沛的精力，每天都奔波在工作的第一线。

由于工作需要，鲍勃每天需要记住很多事情，也因此练就了非凡的记忆力。当然，他也有记忆力好的天赋，他清楚地记得五岁之后发生的每一件事。

鲍勃的超凡记忆力令同事羡慕，但也令他一度陷入焦虑。因为他不但记得过去美好的经历，也忘不了曾经的种种痛苦。细心的人会发现，鲍勃经常会莫名其妙地情绪低落，或者突然间变得忧心忡忡。

他会在遇到某一个人，或者听说某一件事时，回忆起以前某件不开心的往事。这种不快乐的记忆碎片占据了他的心灵，令他悲伤，也给他带来无尽的苦恼。

记忆力太强的人，如果不能忘记那些令人伤心的人和事，就会陷入悲伤的情绪中，无法与快乐为伴。因此，懂得忘却是摆脱忧伤的好方法。

澳大利亚作家朗达·拜恩提出一个重要的人生哲理，即“吸引力法则”。他说，思想像磁铁一样有磁性，有着独特的频率，如果你在想一件开心的事情，那么生活中那些开心的经历都会向你飞奔过来。同理，如果你在想痛苦的往事，那些不愉快的事情也会纷至沓来。

对每个人来说，情绪是最好的医生和老师，它会让你感受到你在想什么，心里装着什么。当你为考试失利、工作不顺、爱情受挫精神萎靡时，如果无法逃离这些令人伤感的事，即使买橘子时遇到一个坏橘子都会让你觉得生活是如此不公。

当生活变成了吹毛求疵，当神经变得脆弱敏感，忧伤就会把人带进痛苦的深渊，日子一长，你就会在沉沦中迷失自己，最终被黑暗吞没。

笛卡尔曾说：“我思故我在。”一个人有怎样的心思，就会有怎样的生活。从心理学角度分析，悲伤情绪并不取决于多么悲恸的事件和打击，更多是源于内心对伤感的沉迷与无法驾驭。学会遗忘，无疑是告别悲伤的有效策略。

忘记不愉快的事情，并不是让人逃避，而是感悟人生后的抉择。令人悲伤的事已经发生了，就去理解和接受它，而不应被它牵绊、操控。放下它，忘记它，然后轻装上阵。当一个人没有负担，没有太多杂念的时候，自然会发现生活中令人欣喜的事情。

悲伤是快乐的另一面

人们在工作中取得成绩，或者在事业上获得成功的时候，会充满喜悦，甚至进入兴奋状态。但是，如果任由这种情绪膨胀下去，就会演变为自负、自大。高兴过了头，乃至忘乎所以，就可能会遭遇挫折，从快乐转向悲伤。

凡事把握好尺度，居安思危，就能保持平稳的心态，不慌不躁。这就提醒那些容易情绪化的人，别因过度开心而失去理智，以致带来悲伤的后果。

莫妮卡大学毕业后进入一家贸易公司上班，成为令人艳羡的职场新秀。莫妮卡总是能把难缠的客户搞定，销售业绩始终排在第一，得到了上司的赏识。这对刚刚入职的菜鸟来说，确实是出色的表现。渐渐地，莫妮卡有点儿自我膨胀了。

有一次，莫妮卡与一位客户谈合作，双方都觉得很投机，并对合约细节进行了讨论。最后，两个人当场就把合同签了，而莫妮卡事先并没有通知主管。

莫妮卡又给公司拿下了一笔大单，她梦想着能得到主管的称赞，甚至加薪。令人意外的是，公司以擅自越权为由，向她提出了解聘。这深深伤害了莫妮卡的心，自己努力为公司创造效益，却得到了不公平的对待，换作任何人都无法理解。

一次偶然的机会，莫妮卡从曾经的同事那里了解到，由于自己在公司锋芒毕露，引得一些人经常向上司打她的小报告，甚至诋毁她与客户私下存在金钱交易。

对此，公司管理层将信将疑。莫妮卡擅自做主和客户签订合同，更加重了上级的疑心，并使其最终作出了解聘莫尼卡的决定。

在上面这个事例中，莫妮卡的情绪发生了两次转变。第一次是刚入职时因为工作能力强被赏识，从而获得兴奋的感受；第二次是工作热情高涨时却惨被辞退，由此产生悲愤、失落的情绪。

人的情绪很容易影响到行为。陷入悲伤的时候，不必对生活失去信心，想想那些令你快乐的人和事，转换一下心情，你会变得坚强起来。

美国哥伦比亚大学乔治·A. 博南诺教授和同事们展开了一项研究，参与人数达到 16000 人，时间持续了 35 年。最终，他根据研究成果写成了《悲伤的另一面》一书。在这本著作里，乔治教授用大量的事例向公众说明了一个简单的道理：人类具有与生俱来的复原能力，并且这种能力无处不在。

从悲伤中走出来，你就能体会到那也是一种快乐。快乐与悲伤互相依存，彼此影响，而主动权其实就在你手里。当然，这里所说的“快乐”并非不知荣辱、是非，而是在悲伤中找到生活的动力，体会到生命的真谛。

快乐与悲伤就像一对孪生兄弟，他们可以互相转化，相互依存。因此，快乐时不忘悲伤，悲伤时也要想到阳光普照的日子。

任何苦难都不要放在心上

试问有谁不想活得幸福快乐？但是上帝是公平的，不会只给你阳光雨露，也会给你腥风血雨。无论是开心的事还是悲伤的事，最重要的是明确一点：你想过什么样的生活？

相信每一个人都在追寻纯粹、简单的日子。心就那么大，实在装不下太多的事情。苦难，必须经历，不必逃避，但也不必时时刻刻沉浸其中。它就像一阵凛冽的寒风，吹在心上，让人不禁打个寒战，可是，寒风毕竟会过去，平静的日子终会常伴左右。既然苦难终究要过去，为何要将它时刻放在心上呢？

古时候，欧洲各个城邦之间互相攻击，争夺领土和民众。当时，有两个城邦常年交战，但是彼此却都无法将对方兼并。有一次，A 城邦的首领带兵攻打 B 城邦，不幸被弓箭射中了右脚。在那个医疗并不发达的年代，该首领最终因伤势过重而亡。

该首领死后，他的儿子继承了王位，并发誓要为父报仇。三年后，他成功地擒获了 B 城邦的首领。为了羞辱对方，他并没有立刻将其杀死，而是让其为奴侍奉左右。这对一个城邦首领来说，是奇耻大辱。

但是，B 城邦的首领没有自暴自弃。他虽然暂时失去了自己的城邦和人民，但是还有一批忠实的跟随者。智囊团为他献计，让其不要将屈辱放在心上，而要以柔克刚，化悲愤为力量。

B 城邦的首领听取了部下的意见，在 A 城邦忍辱负重做奴隶，受尽了羞辱。他没有沉浸在苦难中，而是默默筹划着如何重现昨日辉煌。最终，在经历 7 年的奴隶生活后，他终于回到了自己的城邦，并且让其变得更加强大。

对于 A 城邦和 B 城邦的两位首领来说，他们都曾遇到过苦难，但是都没有放在心上。他们把苦难当作生活的养料，当作历练的机会，在苦难中理解人生，重整旗鼓，最终迎来了人生的转机。

荷兰后印象派画家凡·高是艺术天才，但他一生经历了无数苦难，过着穷困潦倒的日子。凡·高几乎没有过上一天好日子，不是为物质所困，就是被情感羁绊，但是，他并没有沉沦于苦难一蹶不振，反而将这些痛苦融入自己的画作中，创作出了后世传颂的佳作。

苦难从来都是天才的营养药。痛苦往往是我们自己编制的一个牢笼，如果生活中的一点磨难就让你万念俱灰，陷入痛苦的泥沼中，你又怎能在未来的日子中迎接更大的挑战呢?

这个世界从来不缺少悲伤的人，无论你当下是否快乐，都应藏起悲伤、打起精神努力前行。当你为没有合适的鞋参加舞会而悲伤时，有些人却没有脚。

人们来世上走一遭，无论是苦难还是辉煌生不带来死不带去，你又何必将苦难放在心上呢? 与其让悲伤的情绪困扰一生，倒不如及时醒悟，迎来乘风破浪的日子。

Chapter 17

不要让过去的记忆，折磨现在的自己

人生就是一道数学题，有时候做加法，有时候做减法。加一点希望，减一点失落；加一点勇气，减一点怯懦；加一点热爱，减一点憎恶，才能多一些开心。过去的事情，不必耿耿于怀，活在当下的人才能掌控未来。

有些事情不必放在心上

一个人如果活到70岁，也不过三万多天，除去每天吃饭、睡觉、发呆的时间，剩下由自己完全支配的时间其实并不多。生命是有限的，而生活中纷繁复杂的琐事是无限的，你不可能为每一件事伤神，因此有些事情不必放在心上。

生活中，邻里、朋友、家人之间磕磕碰碰、发生争执和不愉快在所难免，但它们只是小插曲，我们没有必要锱铢必较，也无需争个孰是孰非。如果执拗地闹下去，不但无法解决问题，还会伤害彼此的感情，造成更大的误会。

琳娜的父母都混迹于纽约时尚界，琳娜从小耳濡目染，自然气质非凡，但是难得的是琳娜身上没有娇气，平日里与同学、朋友都能友善相处。

在大学里，她爱上了来自美国布鲁克林区的小伙子丹尼尔。众所周知，在布鲁克林区居住的人大多贫寒。但是，这没能阻挡两个人轰轰烈烈地相爱，最终，他们步入了婚姻的殿堂。然而，不同的家庭背景不可避免地带来了隔膜，婚后两人发生了一些不愉快的小插曲。

有一次，夫妻二人发生口角，丹尼尔口无遮拦地说："你拥有的一切都是仰仗有钱的父母，不值得炫耀。我的家族最看不惯的就是有钱人！"琳娜听完，哭着跑回父母家。

她回到父母家，诉说自己的委屈，并抱怨婚后生活不幸福，说："真后悔嫁给了丹尼尔，他一点儿都不体贴。"

母亲听完女儿的哭诉，笑着说："所有的美国人都讨厌有钱人，我也讨厌，你不讨厌吗？”这句玩笑话把琳娜逗乐了。

丹尼尔也意识到自己说了过火的话，来找琳娜赔礼道歉。之后，丹尼尔的父亲也登门致歉，希望化解小夫妻的矛盾。

琳娜的母亲安慰丹尼尔的父亲：“夫妻二人关起门来争吵太正常了，哪里轮得着我们这些老人插手？”两个人哈哈大笑，一场风波就这样过去了。

与人相处难免会产生分歧，而生气时说的话并非出自本心。所以，当琳娜为丹尼尔的无心之言耿耿于怀时，母亲的善意规劝起到了很好的润滑作用。

无论是夫妻、朋友，还是邻里之间，抑或是陌生场合萍水相逢的人，都可能会发生小小的摩擦。如果在这些小事上斤斤计较，必然会走进死胡同，内心无法得到安宁。

日本有位作家发明了“傻瓜哲学”，倡导遇事不必太在乎，要大智若愚。当然，这不是真的愚笨，而是看淡、看开、看透生活的大智慧。

时间过去了就不会重来，这种不可逆告诫我们，不要在无关紧要的小事上计较，而要保持一份恬淡的心境，顺其自然地生活，从而少一点憎恨，多一点快乐。

心理承受能力强的人，更容易成大事。情绪是影响心理素质的重要因素，遇事不卑不亢，不为小事抓狂，显然更容易把握好当下，做出正确的选择。远离后悔情绪，懂得放下和释怀，生活会变得更简单。

别为打翻的牛奶哭泣

泰戈尔说：“当你为错过星星而伤神时，你也将错过月亮。”生活中，一个人不仅要学会怀念，更要学会忘记过去。对于痛苦来说，忘记是一种解脱；对于疲惫来说，忘记是一种宽慰；对于自我来说，忘记是一种升华。

在漫长的人生道路上，如果把所有的恩怨情仇、功名利禄都记在心上，无异于背上了沉重的枷锁。无形的枷锁会让生命变得痛苦不堪，以至精神萎靡、一蹶不振。生命之舟失去了依靠，就会在茫茫大海中迷失方向，甚至有沉没的危险。

无论你快乐还是忧伤，都不会改变生活前进的脚步。人生的精彩之处在于经历了怎样的过程，而不是得到了怎样的结果。人生就是把无数的明天变为今天，再把今天变为昨天的过程。聪明的人懂得忘记过去，不为打翻的牛奶哭泣，所以他们总能带着愉快上路。

美国南加州大学有一位生物学博士名叫保罗·布兰德威尔。保罗做事严谨，同学们都有点怕他，上他的课时大家都战战兢兢，对他自然也没有什么好印象。直到有一次，保罗在课堂上做了一件事，彻底改变了大家的认知。

那天早上，同学们走进实验室，看到保罗·布兰德威尔博士将一瓶牛奶放在桌子上。大家都看着那瓶牛奶，心想："这和今天的生理卫生课有什么关系？"

这时，保罗·布兰德威尔博士突然站起来，一不小心把那瓶牛奶碰倒了。同学们一阵慌乱，有人甚至惊呼起来。保罗·布兰德威尔大声说道："不要为已经打翻的牛奶哭泣。"

随后，他一字一句地说："大家都看见了，这瓶牛奶已经洒了，无论你多么着急，都没有办法再将其收起来。我希望你们永远不要忘记这个道理。其实，只要开始稍加预防，这瓶牛奶就不会被打翻。可现在一切都太迟了，我们能做的就是把它忘掉，丢开这件事情，去关注下一件事。"

一名学生在日后深有感触地说："我从这堂课上学到的东西，超过了整个高中时代所学的。从那时起，我明白了一个道理：如果可能的话，不要打翻牛奶；如果万一打翻了，牛奶就会流掉，你就彻底把这件事忘掉。”

生活中，人们常常做着背道而驰的事。你可以设法补救某件事产生的严重后果，但不可能改变已经发生的事。想让过去的错误变得有价值，唯一的办法是以冷静的态度反思当时的行为，从错误中吸取教训，然后把错误忘掉。

著名的棒球手康尼·马克说：“过去我总是为输球烦恼，可现在我觉得这是一种非常愚蠢的行为。既然输球已成事实，我又何必沉浸在痛苦的深渊里呢？既然水已经流进河里，就不可能再收回了。”

是啊，流入河中的水是不能收回的，打翻的牛奶也无法重新收集起来，但是我们可以在事情发生后采取积极的态度，告别伤感、后悔等不良的心理状态。

莎士比亚说：“聪明人永远不会坐在那里为他们的错误而悲恸，而情愿去寻找办法弥补他们的损失。”只有学会忘掉，才能走出失败的阴影和自卑的泥潭，这是成功人士共同的经验总结。如果你还在为昨天的某件事耿耿于怀，那就尝试着调节一下心情吧！

生命有限，在宝贵的时光中，将一些无关紧要的事忘掉，重新赋予生活更多积极、有意义的主题，你就能放下包袱轻装上阵，信心满满地面对现在，斗志昂扬地迎接明天。

人生没有第二次选择

古希腊哲学家苏格拉底说：“一个人不能同时踏入两条河流。”当我们做出一种选择的时候，就意味着放弃了另一种选择。因此，凡事在选择前要深思熟虑。一旦作出决定，就要勇敢地面对，不必为某些遗憾耿耿于怀。

有的人苛求完美，总是纠结于一时的挫折、纰漏，搞得心情一团糟。他们甚至怀疑当初的选择，并为此懊恼、愤懑，乃至陷入深深的自责。然而，既然作出了选择，就应该坦然面对，相信当下的一切就是最好的安排。

苏格拉底不仅是一位哲学家，还是一位称职的老师。有一次，几个学生请教他关于人生真谛的问题。苏格拉底没有马上回答，而是把大家带到一片果林中。

同学们站在果树下，树上挂满了丰硕的果实。苏格拉底微笑着说："你们各自沿着一行果树，从这头走到那头，每人摘一个最大、最好的果子。不许走回头路，不许做第二次选择。"

同学们不明白老师的用意，只当是一次户外实践课，就按照要求穿行在果林中。在采摘过程中，他们认真选择着，当他们走到林子尽头的时候，苏格拉底已经站在那边等候了。

苏格拉底问："你们对自己的选择满意吗？"大家面面相觑，不知如何回答。接着，他问其中一名同学："怎么了，孩子？你对自己的选择满意吗？"

这名同学说："老师，让我再选一次吧！我走进果林后，发现了一个很大的果子，可是，我想着后面肯定会有更大的，就没有摘。现在看来，我错了。"

另外一名同学说："我和他恰恰相反，一进林子，我就摘了一个大果子，结果发现后面还有更大的。老师，让我也再选一次吧！"

听到这里，苏格拉底摇了摇头，说："孩子们，你们没有第二次选择的机会，这是游戏规则。"

苏格拉底用这样的方式告诉学生，人生就是一场游戏，规则就是不可逆，人不可能对过去的事情做出第二种选择。这片果林对每个人都是公平的，做出何种选择完全取决于个人意愿，而一旦决定，就无法改变。

许多人后悔当初草率地做了决定，因此情绪失落、闷闷不乐；也有人庆幸自己做了正确的选择，欢欣鼓舞。不管是什么样的结果，都与你最初的选择有关。

人生没有回头路，任何时候都要勇往直前。经历后才会发现自己失去的，但也要由此更加珍惜现在拥有的一切。光阴一去不复返，再多的后悔也回不到过去，倒不如坦然面对，慎重对待下一次选择。永远向前看，把握好当下，才是智者应有的态度。

路过的都是风景，留下的才是人生

很多人大学毕业后都曾被追问："你究竟在大学里学到了什么？"有这样一个令人印象深刻的回答——忘记书本上的知识，剩下的就是你真正得到的财富。

人生就像一列驶向远方的火车，旅途中会越过山丘、河流，会看见百花开放，也会遇到白雪皑皑，但是，这些风景都会随着火车的行进而消逝，留在你脑海中陪伴你度过漫漫旅程的，是你看风景时的心情。

露西是一名16岁的女孩，长得非常可爱，却遭遇了一段噩梦般的经历。在一次野外探险中，她和同学走散，被藏在山林里的坏人强暴了。这给露西的心灵造成了严重的伤害，从此她整天以泪洗面，郁郁寡欢，甚至产生过轻生的念头。

有一天，露西走到小区的教堂里，向神父祷告。刚说出第一句，她就泣不成声了："我为什么会有这样的厄运？我到底做错了什么，上帝要这样惩罚我！以后我要怎么生活呢？”

神父平静地听完露西的哭诉，问道：“姑娘，你被强暴是自愿的。”露西被神父的话吓住了，生气地反问道：“你在说什么？我怎么可能是自愿的呢？”神父仍旧一脸平静地说：“你被强暴了一次，但是却对这件事念念不忘，导致你的心每天都要被强暴一次。”

听到这里，露西有点儿迷茫了，委屈地说：“我也不想这样，那我该怎么做呢？”

神父说：“世界上没有人能一帆风顺，不幸的事情发生了，就像你看了一场电影，让它过去吧！天天沉浸在痛苦的回忆中也于事无补。外界的环境很难改变，但是我们可以改变自己的态度。你控制不了别人，却可以掌控自己的情绪。不管过去经历了什么，重要的是打起精神面对未来的生活。”

露西听完恍然大悟，意识到不能让这件事继续扰乱心情了。在痛苦中无法自拔，既浪费了青春，也毁掉了当下的生活。

英国前首相劳合·乔治有一个习惯，无论进出什么场所，都习惯性地将身后的门关上。有朋友问他是否有必要这么做，他说：“当然有必要。”当我们关上一扇门的时候，也就意味着过去的一切都被关在了门外，不管是辉煌的成就，还是痛苦的回忆。

生活的列车在前进，窗外不可能只有美好的风景，也会有肮脏的臭水沟、破败的小村庄，甚至是战争之后尸横遍野的场面。但是这些都只是风景而已，他们不会也不应该常伴于你的左右，影响你的情绪。

事情已然发生，不管是好是坏，都已经覆水难收。始终保持轻松的心境，恬淡地看待窗外的风景，欣赏人生有价值的东西，感恩上帝的每一个安排，你就没有后悔可言了。

无论生活怎样风起云涌，日子也不过是一杯茶、一碗饭。人生苦短，不必在忧郁的情绪中徘徊，所有的人和事都顺其自然，离去的都是风景，留下的才是人生。

米兰·昆德拉说：“永远不要认为我们可以逃避，每一次选择都决定着最后的结局。”朝着一个目标前行，面对旅途中不愉快的事情，你可以把它们看作是终究会被列车抛在身后的一抹风景。不必在意那些抓不住的东西，多留意掌心的幸福才好。

眼前的一切都是最好的安排

在这个充满变化的世界里，不确定性因素常伴左右，你永远无法掌控眼前的一切。然而，人们仍旧期待最好的安排，所以当人们遇到不顺心的事情时，会认为自己遭遇了不公正的待遇。

起风了，树叶被吹落，有的叶子漂到了小河里，有的叶子落在了草地上，还有的叶子掉进了粪坑里。同样的一阵风，让本来生于同一颗树上的叶子有了不同的命运。

人生又何尝不是如此呢？坦然面对眼前的一切，学会接受各种人和事，不沉浸在痛苦和后悔中，人生才能多一抹亮色。

黛西是一位婚礼策划师，年轻貌美，还有一个高大帅气的男友，真是羡煞旁人。她最大的愿望就是给自己设计一场美轮美奂的婚礼，但是这个美好的愿望却被残酷的现实击碎了。

她的男友杰克认识了一位银行家的女儿——露娜，后者疯狂地爱上了杰克。露娜用父亲的地位诱惑杰克，最终杰克经不起诱惑，和黛西分手。

让黛西难以接受的是，露娜竟然找黛西的公司策划婚礼。紧急时刻，公司的婚纱设计师约翰站了出来，帮助黛西渡过了难关。约翰给黛西讲笑话、送饭，还帮忙应付难缠的露娜。最后，他促使露娜放弃了与公司的合作，帮黛西挽回了面子。

黛西的心情好多了，却始终没有察觉到约翰的爱意。有一次到约翰家做客，她无意中看到他的婚纱设计手稿，惊讶地发现里面的每一款婚纱都是为自己设计的，并且旁边还写着约翰没计时的感受。

直到这一刻，黛西才明白约翰的良苦用心，感动得流下了眼泪。她扑进约翰的怀里，两个人相视而笑。

面对男友的背叛，黛西一度对生活失去信心，也未能体会到约翰的关心。不过，黛西是聪明的，发现约翰的爱慕之情后，她感恩上帝送了一位天使守在自己身边，也相信眼前的一切就是最好的安排。由此，她开启了另一段幸福的人生。

不愉快的事情会纠缠我们，甚至让我们内心产生恨意，可是，这又有什么用呢？别带着悔恨生活，给自己一个理由原谅对方，你的心才会安宁。已经发生的事情，就让它随风而逝吧，因为幸福就在你的眼前。

Chapter 18

任何打击都不应该成为你堕落的借口

没有人能够一帆风顺地度过一生，挫折与失败难以避免。如果对磨难充满恐惧，满腹牢骚，那么你的人生就会暗淡无光。面对任何打击都拒绝堕落，这样的人生才令人钦佩。

把挫折当作“家常便饭”

挫折感往往来自失败，是人们在从事有目的的活动中受到干扰或阻碍，致使其动机不能获得满足时的情绪状态。具体来说，挫败感的症状是焦虑、多梦、厌世、冷漠，严重影响人们的学习、工作与生活。

如果将每一次人生挫折都当作打击，进而一蹶不振，那么生活就会变得非常艰辛，你离成功也会越来越远。

对奋斗者来说，失败是家常便饭，你可以有一时的挫败感，但是不能让它掌控你的心灵，并由此变得灰心失望。及时转换挫败情绪，积极主动地应对眼前的挑战，你的人生就会获得转机。

美国总统林肯因解放黑奴，实现了国家统一而令人敬仰，但谁能够想到，他在当选总统之前经历了无数次失败，饱尝人间辛酸。令人敬佩的是，林肯有一颗强大的心，没有被一次又一次的挫折击垮，在跌倒后坚强地站起来，最终实现了自我价值。

1832年，还是一位普通职员的林肯失业了，这让他很伤心。但是他很快就调整好心态，认为自己失业是因为不适合做这一行，于是立志成为一名政治家！之后，他决心竞选州议员。

糟糕的是，林肯初出茅庐，并不被民众看好，在竞选中败北了。接连的受挫，让这个年轻人感觉有些无助。还好，他没有对生活失去信心，决定来年再次参加竞选。

到了第二年，林肯终于竞选成功，一时间信心大增。他认为，自己在政治这条路上一定能够走得更远。

1835 年，林肯订婚了，然而在举办婚礼的前几天，他的未婚妻却不幸意外去世。这对林肯来说，无疑是巨大的打击。他心力交瘁，卧床不起，甚至患上了神经衰弱症。三年后，他才从丧妻之痛中走出来。

面对新的生活，林肯给自己设定了更高的目标——竞选州议会议长。事情远非想得那么简单，这一次他又失败了。1843 年，林肯又参加了美国国会议员的竞选，同样遭遇失败。这时候，他已经变得成熟稳重，能够淡然面对各种境遇。

失败是迈向成功的必经之路，没有挫折，显然无法拥抱胜利。林肯这样激励着自己，准备迎接更大的挑战。1846 年，他再次竞选国会议员，并成功当选。两年任期结束后，他想连任，但落选了，为此，他还赔了一大笔钱。

1854 年，林肯再次参选议员，再次遭遇失败。两年后，他又竞选美国副总统，被对手一举击败。面对接二连三的失败，林肯不服输、不埋怨，始终没有放弃为理想而努力。1860 年，林肯当选为美国总统。

试想，如果林肯不能及时调整情绪面对人生中的数次挫折，那么美国就会少一位伟大的总统。面对残酷的挫折与打击，唯有坚定信念，积极乐观地迎接挑战，人生才会迎来转机。

情绪消极的人很脆弱，经不起风吹草动，面对逆境只会自怨自艾。他们在不良情绪的控制下过早地承认失败，让人生后半场黯然失色，毫无精彩可言。

人们都渴望一生诸事顺利，然而，命运总是喜欢捉弄人，似乎只有饱尝了艰辛才能获得幸福和成功。既然人生境遇无法掌控，那就及时调整情绪吧，坦然接受一切磨难与困厄，强筋健骨，拓展心胸，经历一次波澜壮阔的自强之旅。

“人的生命似洪水在奔腾，不遇到岛屿和暗礁，难以激起美丽的浪花。”在汪洋大海中，暗礁随处可见，不能因为一块石头就对生活失去信心。让挫折从绊脚石变成垫脚石，你会走得更远。

在跌倒中进步，在失败中求索

跌倒了不可怕，只要想清楚自己为什么会跌倒，如何才能够避免下一次失误，就会降低再次跌倒的风险。

荷花生长在污泥中，春夏都要经历风吹雨打，这很像人生中遇到的失败与挫折。但正是污泥和风雨给了荷花营养，让它有了美丽的花季。人也可以在失败中汲取养分，充实自我，从而成长为优秀的人才。

比尔是美国一家网络科技公司的CEO，如今的事业顺风顺水，生活惬意。但是在创业之初，他也遭遇了一系列挫折打击。他很感恩曾经的失败，因为是它们造就了今日公司的蓬勃发展。

刚起步的时候，比尔将公司挂在一家比较知名的公司旗下。不过，比尔的公司比这家大公司发展得更好，并且很快就盈利了。万万没想到，这家大公司很快也开展了相同的业务，与比尔展开了激烈竞争，这让比尔愤怒至极。最后，他和大公司闹翻了，愤然与大公司切割。

这件事让比尔明白，寄人篱下只会任人宰割。随后，他开始单干，起初，比尔被人看不起，到处碰壁，也欠了很多外债。

面对压力和挫折，比尔调整心态，积极应对。最终，他的公司在竞争中生存下来，在挫折中练就了应对危机的能力，一步步发展壮大起来。

这个世界没有成功的公式可以套用，没有成功的例子可以复制。自己的路要靠自己走，失败无可避免，但失败不可怕，可怕的是经历一次失败就万念俱灰。要知道，成功是在失败的废墟中开出的花朵。不怕失败，在磨难中锻炼永不屈服的能力，你就是最后的赢家。

人们面对挫折和打击，很容易产生消极情绪，害怕黑暗中隐藏的危险，然而坚强的人会举着火把前行，内心充满希望的人，会想办法迈出下一步。不经历风雨，怎能见彩虹，心存勇敢和信心，在跌倒中进步，在失败中求索，人生会变得异常精彩。

有人在逆境中成长，有人却在泥坑中一蹶不振。消极情绪会影响你做出正确的选择，积极面对人生的磨难，你才会强大起来。

世界更偏爱有力量的人

困难像弹簧，你弱它就强。生活给了你苦难，其实是在考验你，如果你懦弱、胆怯、妥协，那么这个世界就不会对你微笑，更不会给你拥抱。当你羡慕别人有甜美的爱情、称心的事业时，别忘了看看他们当初是怎么面对挫折的。

世界对任何人都是公平的，只不过它更加偏爱有力量的人。所谓“有力量”，并非指身强体壮，而是指陷入逆境的时候，能够保持积极乐观的情绪，勇敢面对挑战，战胜挫折。

内心有力量的人有着顽强的意志，用良好的心态面对一切，自然容易得到好运的垂青。

考古学家谢尔曼年轻的时候曾在一家公司工作，由于业绩突出，收入颇丰。经济实力大增的谢尔曼准备向暗恋已久的著名好莱坞女星敏娜求婚。但是，此时的敏娜已经和别人有了婚约。

对此，谢尔曼懊悔不已，好在他是一个内心强大的人，感情受挫后，他把精力全部投入到了商业活动中，在国际贸易方面获得了巨大收益。很快，他便成了世界级的富翁。

财富并没有让谢尔曼失去自我，反而让他更加严格要求自己。他重新拾起了年幼时喜欢的古希腊语和拉丁语，准备完成儿时的梦想，成为一名优秀的考古学家。

为了专心从事发掘特洛伊遗迹的工作，他在42岁那年放弃了商业经营，全心全意地投身于考古事业。有人不理解他的选择，对此，谢尔曼说："我所拥有的财富已经无比丰厚，我现在想做的是实现儿时的梦想。"

当金钱不再成为谢尔曼的生活主题时，他寻找到了另一片天地，让人生变得更有意义。就这样，他把后半生都投入到了挚爱的考古事业中。

谢尔曼说："我也是下了很大的决心才决定放弃手头的生意，转而从事考古事业的。拿后半生做赌注，承担任何一种结果，我无怨无悔。"最终，谢尔曼实现了自己的考古梦，特洛伊遗迹的出土标志着他为世界考古事业作出了突出贡献。

谢尔曼的一生有过几次重大挫折，但是他没有畏惧不前。面对困难，他表现出了坚强的意志，展示了有力量的人生。无论环境怎么变，谢尔曼顽强拼搏的精神都不曾改变，他始终努力向世界证明自己是一个有力量的人。世界对他也投以微笑，生意做得风生水起，在考古方面也有所建树。

法国著名作家福楼拜曾说："你一生中最光辉的日子，并非成功的那一天，而是能从悲叹和绝望中涌出对人生挑战的心情和干劲的日子。"

一个人可能外表柔弱，但内心必须强大。那些在寒风中辛勤劳作的人们，他们用心灵的力量激励自己，以改变命运。世界被他们的勤奋、坚强打动，回报了他们明媚的阳光。

面对困难就像与疾病抗争，它会消磨你的意志，让你情绪低落。内心强大的人懂得转换心情，愉悦地面对各种艰难，让人生充满力量。

苦难时，学会用左手温暖右手

人在经受苦难时，除了要与外界交流沟通，以得到帮助，更为关键的一点是要学会自我激励，消除不良情绪的干扰。

许多时候，你注定要一个人面对所有的事情，必须独立作出一些承诺和选择，必须孤独地承担一些痛苦和挫折。因此，你必须学会自我疗伤，学会用左手温暖右手。

在马云的奋斗历程中，从1995年到1999年这5年时间最难挨。期间，他经历了无数艰辛、苦难、挫折和失败。多少酸甜苦辣，多少伤痕，多少泪水和汗水，多少委屈和打击，多年后回首往事，马云感慨万千："许多事都可以写成电影剧本。"

"五年苦难是我们最大的财富，也是成功的重要原因。别人可以拷贝我们的网站，但无法拷贝我们五年的苦难。"虽然遭受这么多重大挫折，但是马云从不在逆境面前低头："这些事太多太多。每次打击，只要你扛过来了就会变得更加坚强。我又想，通常期望越高，失望越大，所以我总是想明天肯定会倒霉，一定会有更倒霉的事情发生。那么明天真的有打击来了，我就不会害怕了。你除了重重地打击我，又能怎样？来吧，我都扛得住。抗打击能力强了，真正的信心也就有了。"

没有成功之前，你的一言一行都不被重视，甚至有人对你的创意进行诋毁。马云有过多次不被外界看好的经历，那时候他在想什么呢？马云默默告诉自己，这点儿困难与挫折算得了什么？在顽强信念的支撑下，他在困难重重中并没有止步不前或是放弃，而是激流勇进。

在最艰难的时刻，马云对自己说"我能"，不但硬撑着度过了艰难岁月，还提早了解到小商贩和销售的艰辛，这为他日后创办电商平台积累了经验。在创业的遥遥征途中，马云从没有灰心丧气过，在重重的困难面前时刻保持着清醒的头脑，“我能”成了他最忠诚的座右铭。

遭遇重大挫折与磨难，有的人无法重新站立起来，心灵因此沉沦；有的人能够及时调整情绪，选择积极面对未来，他们在自我修炼过程中变得强大，找回了自我。由此看来，挫折与失意并不可怕，可怕的是心理失衡，在沉沦中自暴自弃。

陷入磨难或者做错事情时，人的内心或充满自责，或不置可否，外界的帮助和关爱，也许未必能帮到你。在人生的低谷，要学会用左手温暖右手，未来的日子终能迎来灿烂的阳光。

学会自我安慰，自我救赎，用积极的心态面对世界，就能走出困难，获得重生。

无论失败多少次都不放弃

失败者和成功者的区别究竟在哪里？是学识还是经验？不同的人有不同的理解，但是有一点不容否定，那就是成功者无论遇到怎样的挫折，都能坚持最初的理想，凭借坚忍的意志战斗下去，直至赢得胜利。

失败的打击让人精神萎靡，情绪也低落到极点。如何面对失败的打击，确实考验着一个人的心智。许多时候，只要调整情绪，积极地想办法，眼前就会柳暗花明。陷入逆境时，千万别忘了：坚持就是胜利！

1878 年，爱迪生开始研究电灯，其中最关键的环节是找到合适的灯丝。究竟哪一种材质合适呢？没有人知道，唯一的方法就是一遍遍地尝试。

爱迪生昼夜不停地做实验，淘汰了一种又一种材质，始终一无所获。

这时，有人说他白白做了那么多次实验，而爱迪生却坦然地说：“不！我已经进行了上千次实验，知道了上千种材料都不适合做灯丝。”

失败并没让爱迪生沮丧，因为他不能把时间浪费在自怨自艾上。后来，爱迪生经过不懈努力，终于用钨丝给人们带来了光明。

有人认为“上千次失败的实验”证明“电灯”是不可行的发明创造，而爱迪生则善待自己的失败，认为是难得的经验。面对失败，爱迪生始终保持着斗志，积极从实验中寻求机会，这种良好的心理状态为最后的成功奠定了基础。

所谓“态度决定一切”，说到底是一种心理状态。如何对待身边的事物，反映了一个人的情志与心性。在顺境中每个人都会表现出积极乐观的一面，唯有面对失败才能考察一个人的魄力和心理特征。

在逆境中心理失控，不懂得“坚持就是胜利”，是很多人失败的根源。无论在遥远的历史长河中，还是在当下，成功者都是善于掌控个人情绪的人，他们看惯了世间的风云变幻，参透了人情冷暖，所以有一颗积极向上的心，无论面对怎样的逆境，都能坚守理想，最终成就伟业。

英国首相丘吉尔是一位优秀的演说家、政治家和军事家，他带领英国人民赢得了二战，重建了家园。他最为出名的一次演讲是在剑桥大学的一次毕业典礼上，会堂里几万名师生静候在那里。然后，丘吉尔只说了一句话：“Never give up！（永不放弃！）”，场下顿时响起雷鸣般的掌声。

在那个特殊的年代，别说什么苦难了，人的生命甚至都得不到保障，而要坚持下去，赢得战争的胜利，唯有永不放弃。丘吉尔用自己的意志和信念感染了台下的听众，唤醒了大家的斗志。

有些人将放弃当作一件很平常的事情，渐渐的，放弃便成了他的习惯。一次长途旅行，他受不了旅途的无聊；一门半年的语言课程，他因为枯燥难懂而不想继续；一次学习做饭的机会，他因为材料繁杂转身离去。如果对生活中的任何事情都没有坚持的动力，那么自然一事无成，生活也会充满黑暗。

Chapter 19

在不安的世界里，找回内心的安全感

正常的恐惧情绪是一种自我保护，无需过分担心，但是过度的恐惧则会影响生活。面对不确定性，内心极易不安，这需要你找到内心与外部世界的平衡点，在不安的世界里找回内心的安全感。

在输得起的年纪，遇见勇敢的自己

生活中有许多事物会让你感到不安，你应该做的是敲碎软弱、走出恐惧、摆脱迷茫……不要为了不属于你的观众，演绎自己不擅长的人生剧。年轻是人生最大的资本，不屈服、不将就、不妥协，骄傲着、勇敢着、微笑着，才是你应有的状态。

人生最怕的不是换路走，而是只有一条路，你却还边走边犹豫，最后连这一条路也没能走好。有些年轻人缺乏自信，认为自己一辈子注定只能是个小人物，于是放弃对爱和美的追求，唯唯诺诺地长大，美好的青春年华就这样被浪费了。

如果把人生比作一场赌博，那么年轻时是可以大胆下注的，无论押大押小，无论是赢是输，都有机会重新来过。在输得起的年纪，你要做的就是抛弃恐惧，勇敢地做自己。

苏菲亚是一个孤儿，很小的时候就被亲生父母扔在了孤儿院门口。记忆中，她对这个世界从来都充满恐惧。她不敢和老师讲话，不敢在课堂上发言，也不敢和小伙伴玩耍，总是一个人默默地躲在教室里。

父母的遗弃给苏菲亚的心灵带来了极大的伤害，以至于她对周围的人缺乏基本的信任感。她还十分自卑，认为自己是这个世界上最讨人厌的小孩。

这种恐惧的情绪一直跟随着苏菲亚，直到她上了大学，那时她已经19岁了。看着同学们积极参加学校的各种活动，她很羡慕，但却始终没有勇气加入。老师注意到了苏菲亚孤僻胆小的性格，于是介绍她参加一个社团活动，那里缺少人手。苏菲亚一开始拒绝了，但是看到老师真诚的眼神，勉强答应了。

那是一个户外极限挑战的活动，同学们都要尝试挑战身体极限或者心理极限的运动，比如海上蹦极、滑翔、攀岩、野外露营等。苏菲亚第一次站在蹦极台上的时候，感觉双腿完全失去了力量，于是习惯性地往后退缩，但是所有人都在鼓励她。

苏菲亚虽然恐惧，但是最终决定试试，她紧闭双眼，双手交叉放于胸前，然后倏地一下跳了出去。本能的反应让她大喊起来，她睁开双眼，立刻被眼前美丽的景色震撼了，感觉自己在飞，心灵从来没有如此放松过。她打开双臂，欢呼起来。

极限挑战活动结束后，同学们和老师都为苏菲亚鼓掌，她开心地笑了。那一刻，她才体会到生活中原来还有惊喜。自己还那么年轻，应该勇敢尝试，打破畏惧心理。

苏菲亚勇敢地迈出了第一步，体会到了突破自我的乐趣，战胜了恐惧心理。日本著名作家村上春树说："不管世上的人怎么说，我都认为自己的感受才是正确的。"人们的感受来自亲身体验，只有大胆尝试才有体验的机会。

也许周围的人和事会影响你的判断，左右你的心情，但是永远不要让他人安排你的人生。青春就是一场探险，只有勇敢做自己，才能收获渴望已久的东西。即便在探险的过程中，你没能找到宝藏，但是仍旧会收获其他珍宝，比如友谊、勇气和回忆。

人生只有一次，青春只有一次，不去勇敢尝试，永远无法成就非凡的自己。在输得起的年纪，活出人生的精彩，青春才不会留下遗憾。

其实，你比想象中强大

每个人都曾有过悲伤，也曾迷失过方向，但是只要心还在跳动，就还有希望。遇见任何磨难，都不要轻言放弃，因为你远比自己想象中强大。

大文豪莫泊桑说：“生活不可能如你想象的那么好，但也不会如你想象的那么糟。人的脆弱和坚强都超乎自己的想象。有时，你可能脆弱得因为一句话就泪流满面；有时，你会发现自己咬着牙走了很长的路。”

凯洛琳生活在纽约上东区，母亲早年离世，父亲是有名的风投家。可以说，她是含着金汤匙出生的，从小到大没有过一天苦日子。她甚至不知道有公交车，因为出门都是司机专车接送。

凯洛琳在贵族学校读书，结交的朋友也都非富即贵。在他人看来梦幻般的生活，对凯洛琳来说却是极其平常的日子。然而天有不测风云，她的父亲因为商业诈骗被捕入狱，所有的财产都用于还债，还欠了一大笔债务。

突如其来的灾难让凯洛琳不知所措。大别墅不见了，小跑车也没有了，甚至连漂亮的衣服、珠宝也都被没收了，更悲惨的是，曾经的朋友都和她划清了界限。一夜之间，生活天翻地覆，凯洛琳不得不从富人区搬到了平民区。

起初，凯洛琳以为自己肯定过不了这种平民的日子，绝对熬不过没有金钱的生活。可是，为了给父亲还债，她找了一份快餐店服务员的工作。刚开始，她手忙脚乱，不是记错了订单，就是打翻了茶杯，经常被经理责骂，还被扣工资。起初，凯洛琳只是委屈地哭，可她很快发现哭根本没用，无论她怎么哭，都需要把烂摊子收拾干净，并不会因为眼泪而得到别人的同情。

之后，凯洛琳变得坚强起来，做事也麻利多了。她把在高等学府培养出的气质展现在工作中，得到了消费者的喜爱。渐渐的，她竟成了店里的招牌，可以独当一面了。她不再哭泣，虽然偶尔还会被责骂，但是已经学会了在逆境中成长。

三年后，凯洛琳脱胎换骨，她凭借出色的表现得到了总公司的赏识，做了店长。回顾那段苦日子，凯洛琳从没有想到自己可以熬过来。刷盘子、扫地、收钱、一天微笑十几个小时，这些几乎是她从来没做过的事情，现在居然可以做得得心应手。凯洛琳说："我从来没有想过，自己可以这么强大。即便是家里破产，也没能打垮我。"

人的潜能是无限的，有待慢慢发掘。艰难困苦磨炼人的意志，危机激发人的智慧。战胜危机的人永远是那些敢于超越自己的人。一旦你有勇气直面困难，呼喊它的名字，就不会再害怕。

对过去不必悔恨，对未来不必恐惧，坦然接受眼前的一切，努力应对挑战，没有什么能阻挡你前行的步伐。找到那个具有强大生命力的自我，没有人可以否定你的能量，只不过你不曾发觉而已。

人一生中真正的对手只有自己，有些事，不逼自己一下你永远不知道会走到哪一步。胆怯恐惧的情绪不宜跟随自己太久，勇敢地走出第一步，你会感谢坚强的自己。

深沉与非理性是恐惧感的特质

在心理学上，恐惧是一种消极情绪，有其独特的价值。小孩子遇见陌生人，因为恐惧产生戒备心理，这是一种自我保护。恐惧的情绪可以指挥人们在危险时行动，比如选择逃跑。事实上，恐惧来自对未知的非理性判断。

通常，恐惧感强的人在人前表现得比较深沉，他们会尽量避免卷入太多的是非，也不太想接触太多人。他们认为，不确定性因素越多，心中就越没有把握，这会加重恐惧情绪。

克里斯汀是一个挪威姑娘，虽然生长在沿海地区，但是她并不会游泳，而且非常怕水。克里斯汀也不清楚自己为什么对水充满了恐惧。每次和朋友们去海边玩，她都很纠结，既想跳入大海和大家一起玩，又害怕海水将自己吞没，大家都嘲笑她是挪威的异类。

皮特是一个很有天分的小提琴手，从小就表现出极高的音乐天赋。小小年纪，他的小提琴演奏水平就达到了世界级水准，然而，他有一个致命的缺点，那就是不敢登台演出。平时，皮特只敢在几个熟悉的人面前演奏，一旦面对陌生人，他就会慌乱不堪，无法进入状态。

很多人无法解释自己莫名其妙的恐惧感。南希参加工作后，很长一段时间都会重复做一个梦——她又回到了高中时代，马上就要进行期末考试，可是她还没有做好准备，于是慌乱地翻看书本，却发现自己什么都记不起来了。恐惧感将她包围，她甚至会在梦中哭醒。

其实，每个人心里都住着一个情绪化的小孩，恐惧感正是这个情绪化小孩的显著特征。如果我们能够了解内心那个小孩的恐惧，就能有效地疏解自己的情绪。从较高的知觉层面来说，大部分恐惧感来自幻觉，明白了这一点，就容易走出来。

但是，倘若不能正视恐惧的对象，恐惧感就会愈演愈烈，为了避免或化解这种情绪，我们需要从“深沉”和“不理性”这两点入手，寻找出路。

一个人“深沉”，往往源于不愿与外界接触。人是社会性动物，不能独居，必须与他人打交道。多参加集体活动，显然有助于获得安全感。在校园里，可以多参加社团活动以及志愿者活动；在工作中，可以多参加同事聚会或者团队建设。这些都有助于我们提升交往能力，避免自我封闭式的深沉。

而不理性情绪来自无知。知识水平越高的人，越能够理性对待世界上的人和事。因此，你需要多看书、多学习，开阔自己的视野，了解更多未知的事情。一旦对这个世界有更多的了解和认识，就不会产生过分的恐惧感了。

承认恐惧是接受恐惧的开始

你为什么会感到害怕？为什么不敢挑战自我追逐梦想？恐惧心理就像影子一样，总是伴随你左右。事实上，每个人都有特定的恐惧对象，只不过不易察觉罢了。

如何克服自己的恐惧心理？首先要接受“恐惧”客观存在这一事实。承认恐惧是消除恐惧的重要一步。承认了内心的恐惧，你就能够与之谈判，并最终战胜它。事实上，承认恐惧的客观性，接受内心存在的恐惧感，才能准确了解“为什么害怕”。

一个美国人和一个犹太人组成了家庭，生了一个可爱的小男孩比尔。比尔长到三岁的时候，发现妈妈经常做一种叫“Kreplach”的食物——食物的长相不是太讨人喜欢，甚至对小朋友来说有点吓人。所以，比尔每次都不敢吃，甚至不敢看。

“Kreplach”是犹太人的一种特色饺子，样子是有些奇怪。为了帮助比尔克服这种莫名的恐惧，妈妈告诉孩子“Kreplach”并不可怕，还把比尔带到厨房，教他如何制作“Kreplach”。

妈妈先给比尔一个面团让他揉捏，然后问：“你现在感觉害怕吗？”比尔回答说：“不害怕。”比尔玩着面团，渐渐放松了。接着，妈妈切出小方块面饼，又问：“这没有什么可怕的，对吗？”“一点也不可怕！”比尔一边揉面团，一边骄傲地说道。

然后，妈妈将一点肉馅放入小方块面饼的中间，继续追问比尔是否害怕，比尔的回答仍然是“NO”。接下来，妈妈将一个角折向中央，又折了一个角，再一个角，最后一个角折起以后，比尔尖叫起来：“这就是 Kreplach！”

妈妈说：“没错，你刚刚亲自做了一个‘Kreplach’呢！你还害怕它吗？”比尔呵呵地笑道：“一点儿都不可怕！”

比尔的恐惧来自“Kreplach”，妈妈用循序渐进的方式让比尔一点点认识了“Kreplach”，最终消除了他的恐惧感。

恐惧产生的原因有很多，在一个充满压力、竞争的社会中，对未来产生莫名的担忧和害怕很正常。此外，出生环境的不同也会给人的心灵带来不同的影响。比如，贫穷家庭出生的孩子会对贫困有极大的恐惧，因为家人可能会因为没钱治病而死去。

小时候的经历，也会对我们产生重要的影响。比如，童年的阴影会隐藏在内心，潜移默化地发生作用，你甚至不曾察觉。所以，想要了解一个人不妨先了解一下他在孩童时代的成长经历。

恐惧心理不可怕，这是正常的情绪体验。找到引发恐惧的原因，承认恐惧并接受恐惧，你会发现有些东西其实并没有那么可怕。

在无法信任的熟悉世界中彷徨

恐惧心理往往来自不信任。诚然，在这个复杂多变、人心叵测的社会中，每个人似乎都戴着面具，我们很难看到他人真实的内心世界。这增加了人与人之间的不信任感，也让人们产生了对不确定性的担忧。

无法相信眼前这个熟悉的世界，会让人陷入焦虑。如果无法从熟悉的环境中获得安全感，人们必然会在不信任中彷徨，生活将没有一天安宁。这是许多人对未来恐惧的重要原因。

凯瑞是一位大学体育老师，在多年教学过程中她发现一个奇怪的现象——刚入学的大学生之间存在很大的隔膜，他们不喜欢团队合作，更愿意各自为政。反映在体育课上，就是不愿意参加团体运动，比如篮球、足球、排球等运动，更喜欢壁球之类自娱自乐的项目。

对此，凯瑞询问过一些学生，同学们大都说："团体运动太危险，别人对自己的伤害更大，容易受伤。"凯瑞明白了，是大家对彼此的不信任导致了内心的恐惧。于是，她决定给同学们好好上一课。

体育课上，凯瑞邀请大家做一个游戏：每位同学都要笔直地从 1.6 米高的平台上向后倒下，而其他同学则伸出双手保护他。做好这个游戏，最重要的就是相互信任。

第一名同学站到高台上背对着大家，战战兢兢，久久不敢往后倒。这是很正常的恐惧心理，要克服恐惧，必须对队友充满信任。

在凯瑞的鼓励下，这名学生完成了任务。当她躺在同学们的手臂里，睁开眼睛看到大家的笑脸时，每个人都明白了老师的用意，也都体会到了信任带来的安全感与幸福感。

在我们成长的道路上，信任可以产生意想不到的力量。它可能是参赛前父母、教练鼓励的话——"孩子，我们相信你"，但是足以安抚我们不安的心。在信任背摔活动中，同学们消除了不信任，克服了恐惧，增进了团队友谊。

人际交往中离不开沟通，其目的就是增进信任。成功学家研究表明，一个人每天要花 60% 到 80% 的时间在沟通上。如果我们时时刻刻都抱着怀疑的态度与人交流，必定十分辛苦，内心也得不到安宁。

沟通中的恐惧心理，来自我们对人的不信任感。在社交的初级阶段，人人都可能由于不懂社交礼仪而做出糗事。所谓"吃一堑长一智"，这没有什么丢人的，可怕的是因此失去交流的勇气。

社交恐惧是一只纸老虎，你越是躲着它，它就越紧跟在你身后。只有当你藐视它并发起挑战的时候，你才能战胜它。相信自己，相信别人，恐惧就不再相伴，生活也会充满乐趣。

Chapter 20

宽恕他人，其实就是放过自己

一个人能够成就多大的事，要看他有多大的胸怀。放下仇恨，才能轻装前进；宽恕他人，其实也是放过自己。

仇恨是用变形的镜子看世界

受人恩惠的时候，大多数人会心存感激，但也有的人视之为理所当然。总之，恩惠于个人来说，只有好处，没有坏处。

可是，与人发生冲突，受到他人的辱骂、诋毁、殴打时，人的内心就会充满仇恨。并且，这种仇恨情绪会与受到的伤害成正比。如果这种情绪得不到有效排解，就会在人的心中不断膨胀，进而产生复仇的冲动，而悲剧通常就是这么发生的。

一个人满腔仇恨看待身边的人和事，就像拿着一面变了形的镜子去照世界，人物面目都变了样。

心怀仇恨就像背了一个沉重的包袱，压得人喘不过气来。仔细思考一下，这是你想要的生活吗？如果不是，为什么要这样折磨自己呢？

史宾赛夫人是一位看上去非常友好、亲切的女士，她经常和社区里的家庭主妇们一起参加各种活动，也时常做煎饼和比萨分享给邻居。在大家看来，她是一个温和善良的妻子，可是她也有歇斯底里的时候。

有时候，她会拿着菜刀或扫帚在庭院里破口大骂。一开始，邻居们都以为她是在和丈夫吵架，后来发现并不是这样。实际上，她是在发泄内心怨恨的情绪。

原来，史宾赛夫人曾经被闺蜜欺骗过。当年，闺蜜给她介绍了一个商机，让她投资入股，结果闺蜜拿到钱不久就消失了。一开始，史宾赛夫人完全不能接受这个事实，每天吵着要找到这个骗子，甚至口口声声说要杀了她。

后来，在药物和心理医生的帮助下，她渐渐恢复了平静，但却没有根治心魔。在以后的日子里，她仍旧会不定期地发泄仇恨情绪，让人愕然。

显然，史宾赛夫人用仇恨绑架了自己，这么多年非但没能挽回损失的钱财，还把个人情绪搞得一团糟。

我们都听过这样一句话：如果别人打了你一巴掌，你不但不应该生气，还应该将另半边脸伸过去给他打。这句话听上去虽然很荒诞，但实际上表达了一种宽容大度。

与人相处难免发生摩擦，即使再要好的朋友之间也会发生口角。愤怒的时候，人们会本能地说出一些伤人的话，如果因为摩擦对他人产生敌意，可以理解，但如果长期将这种仇恨铭记于心，就大可不必了，也实在不是明智之举。

紫罗兰被人用脚踩扁了，而它却把香味留在了那人的脚上，这就是宽恕。你生活的世界长成什么样子，完全取决于你拿什么样的镜子去看它。如果你拿了一面正常的镜子，就会客观地看到世界的美与丑，也就会理性平和地对待万事万物。反之，你看任何东西都会心生怨愤。

仇恨情绪就像一把枷锁，只有自己才是那个手拿钥匙的人。有智慧的人会放下心中的仇恨，放过自己，给心灵一片净土。

把怨恨留在身后

人们产生怨恨情绪后，有时会隐藏在内心深处，有时会爆发出来，但不管哪种方式，都会产生不良影响。

显然，怨恨长期埋藏在心底，有可能会形成心理疾病，影响人的精神状态；可如果让怨恨爆发出来，通常又会伤害他人，给自己惹来麻烦。那么，内心有了怨恨情绪，应该如何消除呢?

想要化解内心的仇恨，首先要找到生活的意义。与人结了怨，即便报复了对方，内心也无法安宁，恐怕一生都会背负沉重的心理负担。生命的意义在于用心感受这个世界的美好，用平静的心情对待周围的人和事。唯有把怨恨放在身后，才能看见前面的彩虹。

2013年12月5日，南非总统曼德拉因病去世，这位一生致力于反种族隔离和黑人民族解放的战士，生前受到了全世界人民的敬仰。

早年，曼德拉因为领导反对白人种族隔离的政策多次入狱，最终被囚禁了27年。当局将其关押在大西洋中一座荒凉的小岛上。当时，年事已高的曼德拉遭到了监狱管理人员的残酷虐待。

曼德拉负责将采石场的大石块碎成石料，他身后有三个人监视，对方总是找他麻烦，想方设法折磨他。曼德拉整日吃不好、睡不好，还要忍受监管者的拳打脚踢。直到1990年2月11日，他才被无条件释放。

1991年，曼德拉当选为南非第一位黑人总统。在就职演说典礼上，曼德拉做出了一个惊人的举动，他起身向来宾致辞，依次介绍完各国政要后，高兴地说："今天能接待这么多位尊贵的客人，我深感荣幸。最高兴的是，当初在罗本岛监狱看守我的3名狱警也能到场。"随后，曼德拉邀请三个人上台。

当时，很多人不理解曼德拉的做法，他这样解释道："年轻时，我的性子急，脾气暴躁，正是狱中的生活让我学会了控制情绪，因此才活了下来。牢狱岁月给了我时间与激励，也使我学会了如何处理自己遭遇的痛苦。"

遭受多年的压迫打击，曼德拉却能够微笑面对，包容对方，甚至感谢对方的折磨让自己得到成长。曼德拉将怨恨远远地抛在身后，不受它们的干扰，所以他才能以饱满的热情从事黑人解放事业，最终成为南非第一位黑人总统。

人的一生会经历很多事，期间既有贵人相助，也有小人相伴。如果你对小人产生了怨恨，并带着这种情绪上路，以后的日子必然不好过。相反，如果能够在苦难折磨中放宽自己的心灵，将怨恨抛在身后，那么人生的道路就会更顺畅。

握紧拳头，什么都抓不住，伸开五指，触摸到的是整个世界。有时候，发生了的事情已无法挽回，再去埋怨也于事无补，与其内心纠结，倒不如洒脱忘记。明确目标，大步往前走，让乐观包容的生活态度充实你的人生吧！

不要背着仇恨袋

因为受到外界攻击而愤怒，进而产生仇恨情绪，是正常的情绪反应，但是时过境迁之后，别背着仇恨袋，那是一种负荷。

哲学上讲究辩证法，凡事都可以转换。别人说了什么，做了什么，我们要尽可能寻找积极的意义，把有限的精力投入到有意义的人生中去，这才是正确的选择。

在西方社会，流传着这样一个寓言故事。

富翁有三个儿子，日子一天天过去，孩子们长大了，他决定将财产全部留给其中一个儿子，究竟给谁呢？富翁想了一个办法，让三个儿子分别去游历世界一年，谁能做成最高尚的事，就可以继承自己的财产。

三个儿子照着父亲的话做了，并在一年之后回到家里。这一天，富翁把三个儿子召集到一起，让他们讲讲这一年各自都经历了什么。

大儿子得意地说："我到一个贫困落后的小村庄游历时，碰到一个乞丐掉进了河里。我奋不顾身地跳进河里将他救起，还给了他一笔钱。"

二儿子不甘示弱地说:“我在游历的时候遇到一个陌生人,他十分信任地将钱财交给我保管,结果却意外身亡。但是,我没有独吞那份钱财,而是将其还给了他的家人。”

富翁点了点头,又问三儿子遇到了什么事。

三儿子说:“我一出门就碰到一个坏人,他想抢我的钱,一路跟着我。经过悬崖时,我看到他在崖边的树下睡觉,当时,我只要一脚把他踹下去,就可以免除麻烦。但是,我放弃了,我选择了转身离开。后来,我又担心他会跌落悬崖,于是又回去把他叫醒了。这算不算高尚的事情呢?”

富翁听完说:“见义勇为、拾金不昧,都是道德赋予每个人应该做的事情。而有机会报仇却放弃,还能够帮助仇人,这才称得上是高尚的行为。”

于是,三儿子继承了富翁的财产,不过,他将财产平分给了两个哥哥,令富翁啧啧称赞。

人生就是不断地赶路,何必背着那么多仇恨的袋子呢?宽容伤害你的人,甩掉内心的嗔怪情绪,微笑前行,你会成为最快乐的人。

如果不想让仇恨的情绪缠绕你,最好的办法就是将其转化为包容。战胜敌人不是最大的胜利,化敌为友才是。法国大文豪雨果说:“世界上最宽阔的是海洋,比海洋更宽阔的是天空,比天空更宽阔的是人的心灵。”一个能够放下仇恨、包容他人的人,不管在什么地方都会交到好运,拥有美满的人生。

感谢伤害你的人

面对纷繁复杂的人生事,我们要怀有一颗感恩的心,对遇到的人持包容的态度，即便是那些伤害你的人。用感恩代替仇恨，你的世界会充满欢乐与安宁。

感谢伤害你的人，因为他们磨炼了你的心志；感谢欺骗你的人，因为他们增长了你的智慧；感谢蔑视你的人，因为他们唤起了你的自尊；感谢抛弃你的人，因为他们教会了你独立。

没有伤害，就不会有成长。生活中的不愉快就当是人生的调味剂，工作上有人放冷箭就当是一种磨砺。走在人生路上，随时播撒包容的种子，充满荆棘的路途也会有鲜花绽放。

报复伤害你的人，并不会给你带来多大的幸福，只会让你更加疲惫；而感谢伤害你的人，则会让你体会到快乐的真谛。

在美国黄石公园的茂密树林中，生活着森林杀手——灰熊。它们会到森林旅馆周围在游客扔掉的垃圾中觅得食物。在这里，除了水牛和另外一种黑熊，没有什么动物敢与灰熊抗衡，但是有一天晚上，一只灰熊却在一只小臭鼬面前选择了低头。

面对臭鼬，灰熊可以不费吹灰之力就将其碾死，但是，灰熊并没有这么做。这体现了一种生存的智慧。臭鼬个子不大，但是一旦受到威胁就会放出奇臭无比的气味。灰熊深知没有必要因为招惹这个麻烦而耽误了找食。

动物尚且懂得不招惹不必要的麻烦，难道人类还要为那些伤害自己的人陷入怨恨情绪吗？既然已经被伤害，就别再揭开伤疤了，忘记曾经的不愉快，坦然面对前面的风景，才是智者所为。

有时候，外界的伤害是一种磨炼，可以给人带来巨大的力量，让人在逆境中迅速成长。其实，伤害就像一个引爆点，既可以引爆仇恨心理，让你走上复仇之路，也可以引爆你的上进心，促使你展露积极的一面。

曾经的伤害，注定只是人生中的插曲，不必放在心上。意志坚定、内心强大的人无惧伤害，不经意间成了奋发有为的强者。回过头来再看看过往的人和事，心里早已没有了以往的愤愤不平。

我们曾经走过的路，有得有失，有欢乐也有伤害，生活的真相就是在伤害中不断成长。别去仇恨那些伤害你的人，用一颗包容的心感谢他们，这不仅是成长的智慧，也是值得赞颂的人生哲学。

Chapter 21

对心灵来说，相信比怀疑要轻松得多

猜忌心理即自我牵连倾向过重，觉得任何人和事都和自己有关，对他人的言行过分敏感、多疑。猜忌是人性的弱点之一，是忧郁苦闷的伙伴，是害人害己的祸根。相比猜忌，相信要使人轻松得多。

不揣测是最高程度的自尊

猜疑心重的人喜欢揣测别人的想法，一旦掉入猜疑的漩涡，必会神经过敏，事事捕风捉影，对他人失去信任，对自己也妄自菲薄。以这样的心境生活，难免影响正常的人际关系，也影响个人的身体健康。

生活中，一些猜疑心重的人大多表现得忧心忡忡，对周遭一切都保持一定距离，并且还会在背后说他人的坏话。这必然会损害他们的社会形象，使其遭到他人的排斥，进而影响其工作和生活。

威廉大学毕业之后来到一家外贸公司上班，这家公司刚成立不久，组建了一个4人团队，负责跟进某个供应商。由于是和泰国供应商合作，所以四人团队中有一个泰国人，名叫麦克。

威廉和大家每天忙得焦头烂额，不断做社会调查，搜集对方的各种资料，做市场评估，目的是在谈判中使其降低供货价格。四人之中有一位前辈，信心十足地说，降价30%应该没有问题，还列举了自己以往的经验，说得头头是道。

一个早上，威廉刚起床就收到了麦克的邮件——已经和供应商谈好了，降价5%。当时，其他人几乎崩溃了，然而麦克却说，这是供应商可以接受的最高降价空间。

之后，威廉和另外两位同事对麦克充满了猜忌，揣测他肯定中饱私囊，做了黑幕交易，否则价格怎么只降了5%呢？以后的日子里，威廉一直对麦克心存芥蒂。

半年后的一次培训中，威廉碰到了那位供应商代表。两个人聊天时，对方说：“你们公司的麦克真是个狠角色啊！本来我们公司没有给任何降价的空间，可是麦克足足在我们工厂待了两个星期，帮忙重置了生产线，优化了产能。最后，我方才给了你们5%的优惠。”

威廉听完，非常惭愧，因为自己的胡乱揣测，冤枉了一个优秀的同事，也让自己失去了向伙伴学习的机会。

无端揣测他人，一旦被证明是错误的，无疑像被打了一个耳光。许多事情不是表面上看起来那么简单，世界之大，人心之复杂，超出了人们的想象。你可以怀疑一切，但是不能把这种猜测当作定论，影响自己的判断和决策。

揣测心理是站在自己的角度揣测某人或某件事，既不科学，也缺乏充分的理由。因为在各种条件的限制下，人们只能看到冰山一角，就如盲人摸象，无法触摸到事情的全貌，会让你失去公允的判断。

在揣测心理的影响下，人会变得傲慢，形成特定的偏见。面对一个非理性的人，你又怎能期待他正确、理性地做事呢？

妄加揣测，对他人是一种不尊重。面对无法理解的事情，要调查、研究，尽量做到不猜测，不乱评论。抛弃揣测的心理，系统地看待事物，既是尊重他人，也是尊重自己。

搬掉猜疑这块石头

猜疑心重的人总觉得有人在背后说自己的坏话，即便是好朋友忙于工作对自己稍微冷淡了一些，也会怀疑对方怀有敌意。猜疑就像一块石头，压在人的心头，令人无法轻松地交流，并因此逐渐变得闭塞、郁郁寡欢，失去信心。

现代社会生活压力很大，许多人不仅身体上出现了亚健康状况，心理上也产生了各种疾病，猜疑就是其中之一。

看见两个人窃窃私语，就怀疑对方在说自己的坏话；被人多看了一眼，就觉得对方图谋不轨……当一个人疑心到这种程度，显然已经出现了严重的心理障碍。这时候，恐怕正常的生活、交际都无法顺利进行。

《奥赛罗》是莎士比亚的四大悲剧之一，讲述的是主人公奥赛罗因为猜疑心过重而酿成惨剧的故事。奥赛罗是威尼斯公国的一员猛将，与元老的女儿苔丝狄蒙娜相爱了。但是，因为奥赛罗是黑人，这门婚事未得到元老的允许。两个相爱的人勇敢地逃出家族，私订了终身。

奥赛罗手下有一个阴险的旗官尹阿古，一心想除掉奥赛罗。于是，尹阿古试图向元老告密，但是未能成功。他不死心，又想方设法挑拨奥赛罗和苔丝狄蒙娜的感情，造谣说苔丝狄蒙娜和一名副将关系不清不楚，还伪造了两人的定情信物。

这件事传到奥赛罗的耳朵里，他竟信以为真，对妻子充满了猜忌和怀疑，以至于看到妻子的任何行为都能联想到偷情。奥赛罗的猜疑心越来越重，最后竟亲手掐死了苔丝狄蒙娜。在得知事情的真相后，奥赛罗后悔不迭，他无法接受自己的愚蠢行为，拔剑自刎。

这一悲剧的发生，当然是由多方面原因造成的。如果没有尹阿古从中作梗，事情也不会发展到这个地步，但是，奥赛罗的猜疑心重无疑是最关键的诱因。倘若他相信自己的妻子，或者亲自去调查，完全可以避免悲剧发生。正是猜疑之心破坏了两人幸福的生活，断送了两个人的性命。

英国哲学家培根曾说：“猜疑之心犹如蝙蝠，它总是在黑暗中起飞，这种心情是迷惑人的，又是乱人心智的。它能使人陷入迷惘，混淆敌友，从而破坏人的事业。”猜疑心重的人通常非常敏感，听到风吹草动就大做文章，根本不会理性分析和判断。这不仅给身边的人带来麻烦，也让自己的身心疲惫不堪。

面对复杂的社会，多一分怀疑精神无可厚非，但是，如果对任何人都失去信任，遇事无法保持冷静的头脑，不能理智地思考问题，就会对外部世界失去正确的判断。太多的猜疑只会给生活带来无尽的痛苦，学会相信别人其实是一种能力。

在意他人对自己的看法，是一种正常的心理。然而，过度猜忌他人，就容易在胡思乱想中迷失自我。扔掉猜疑这块石头，保持清醒的头脑，多一点自信和信任，生活可以更轻松。

相信自己不是无用之人

研究表明，猜疑心理大多源于不自信。所以，消除猜疑心理应该从相信自己做起，相信上帝创造每一个人都有他的道理。每个人来到这个世上，必有他存在的理由。世界上没有两片完全相同的树叶，人也一样。发现自己的独特之处，找到自己的闪光点，有助于变得积极自信。

自卑的人大多妄自菲薄，任何时候都缩在一角，不敢表现自我。如果始终有这种心理，在别人的影子下生活，听别人指挥，很难有大的作为，生活也会变得灰暗。

生命掌握在自己手中，你应该相信自己的能力，挖掘自己身上优秀的品质，克服自卑心理，相信自己不是无用之人。

提起 1929 年世界经济危机，大家耳熟能详。当时，美国总统罗斯福成功带领美国人民度过了这场危机，受到世人敬仰，一度连任四届总统，创造了美国政坛上的奇迹。然而鲜为人知的是，这样一个强大的领导者，在童年时期竟然是一个自卑的人。

小时候，富兰克林·罗斯福身体虚弱，经常被小伙伴欺负。童年的经历造就了他胆小怕事的性格。他见到陌生人，总是一副惊恐的表情：在校园里，他习惯一个人打发时光；课堂上，老师让他朗诵课文，他也会紧张慌乱，语无伦次。他的行为招来了更多的嘲笑声，又加剧了他的自卑心理。

如果继续发展下去，小罗斯福很可能患上自闭症，但幸运的是，他选择了积极面对，走出了不自信的泥潭。后来，面对同学们的嘲笑，罗斯福告诉自己："我一定要成为一个坚强自信的人，这个世界一定有我的位置！"

此后，罗斯福强迫自己参加各种活动，如运动会、读书会、辩论会等，为的就是挑战自我，克服自卑。业余时间，罗斯福还积极健身，身体日益强壮起来。精神和体质的日益强劲，帮助罗斯福在政坛一路冲关，最后登上了美国总统的宝座。

每个人都有缺点，但是这不是你否定自我的理由和借口。每个人都有缺陷，只要你改变想法，用平和积极的心态面对自己的缺陷，就能够跳出自卑的阴影，重建个人优势，在人生舞台上找到属于自己的位置，实现生命的价值。

人们喜欢攀比，并因此变得悲观失望，心思敏感。看到别人功成名就，就开始怀疑自己的能力。这时候，尤其需要一颗强大的心，逆势而上，找寻自我生命的价值。

世界对每个人都是公平的，它为每个人都预留了位置。请相信，你可以变得不普通，你是有用的人。内心坚定了，信念有了，就不会怀疑一切，生活就会变得安宁淡然。任何时候，相信自己都是最重要的事情。

一个人如果自己都不相信自己，那么谁又会相信你、给你机会呢？每个人都有不同的美，而自信的人所拥有的魅力是无法阻挡的。

勇敢打开虚掩的门

成功的人经验各不相同，但是他们有一个共性——勇敢。勇敢的人无所畏惧，不会把时间浪费在犹豫、猜忌上，所以能抓住机会，占得先机。

有时候，所谓的限制只是人为设置的障碍，它们像虚掩的门，只要勇敢推开就能进入一片新天地。

人类与动物最根本的区别在于会思考、能幻想。当你还有欲望、志向的时候，要大胆思考、勇敢行动，即便违反规则也要勇敢闯一闯。在挑战自我中成就自我，从来都是获得成功的不二法门。

泰勒是市场营销学院的高才生，毕业后到得克萨斯州的一家出口公司工作，和他一起入职的有六个人。上班第一天，他们就从同事那里听到一个不成文的规定——绝对不能走进八楼那个没有挂门牌的房间。

对此，其他五个人表示绝对服从，只有泰勒紧皱双眉，不能理解。这又不是什么秘密组织，怎么会有不让进的房间呢？回到工作岗位后，泰勒忍不住向公司有资历的同事询问其中的缘由，对方只是说好好工作就行了。

泰勒可不这么想，他决定一探究竟。一天中午，大家都出去吃饭了，泰勒借故说自己不舒服，没有一同前往。同事们走后，泰勒坐电梯来到八楼，走到那间没有门牌号的房间门口。

怀着强烈的好奇心，泰勒推开了虚掩的门，发现屋子里没有什么新奇的地方。他走到桌子前，发现上面放着一张红色的纸条，写着“把纸条交给总经理”。

这是什么意思呢？泰勒百思不得其解，但还是拿着纸条敲开了总经理办公室的门，说明了事情的原委。出乎意料，总经理高兴地说：“从现在起，你被任命为销售部经理。”

泰勒很诧异，问：“就因为我把纸条拿给了你？”

总经理笑着说：“没错！我等这一天等了好久了！”

原来，不能进入八楼无门牌的房间只是一个考验。当其他人在猜疑的时候，泰勒以实际行动探究了事情的真相，这种精神正是销售工作需要的。果然，泰勒把销售部管理得有声有色，业绩实现了翻倍。

这个世界缺少的不是梦想家，而是实干家。当你有了梦想，就要勇敢地将其付诸实践。能否做成一件事，关键在于你怎么做，你的方法和技巧都会成为个人魅力的一部分。与其胡乱猜疑，不如勇敢行动，高效执行从来都是获取成功的捷径。

美丽的雪莲花长在冰山之上，珍贵的鱼子只存在于深海的鱼儿体内，想得到宝贝，就必须敢于挑战，打开那扇他人不敢触碰的门。哥伦布发现新大陆，就在于他敢于开辟别人不敢走的航线。

有时候，虚掩的门比真实的山还要难以跨越，移走一座山需要力气，而推开虚掩的门靠的是勇气。人们习惯了循规蹈矩地工作，被固有的思想禁锢了头脑和肢体，信奉“枪打出头鸟”，逐渐形成了怯于表达自我的弱势性格。做事犹疑不决，唯唯诺诺，到头来只能虚度时光、一事无成。

当你因为猜忌而苦恼时，不如坚定信念去行动。无论成败，它都能从根本上帮你塑造正确的世界观。

最大的痛苦是不被人信任

信任是一种关系，能产生巨大的价值，在当代社会是一种无形的财富。研究表明，人际关系中的信任是由个人价值观、魅力、态度、情绪等交互作用的结果。

显然，被信任是一种幸福。当你被别人信任时，哪怕是再小的事情，你都会认真对待，而当你被别人怀疑时，内心会有挫败感，会失去行动的热情，甚至产生不自信。

每天和不同的人打交道，如何赢得对方信任，而不是被对方猜忌，确实考验一个人的智慧。那些不被信任的人，因为无法赢得合作机会，无法实现个人价值，会情绪低落，甚至自暴自弃。当你不被信任时，需要查找原因，而非纠结于无关紧要的事，甚至猜忌对方居心叵测。

美国南北战争期间，南方种植园主拥有很多黑人奴隶，从事着残酷的贩卖黑人贸易。一次，从美国南部驶往英国的一艘邮轮上有很多奴隶，他们就是被贩卖的对象，其中有一个男孩名叫罗恩，聪明伶俐，深受老船长喜爱。

这天夜里，轮船在浩瀚无边的大西洋上航行，罗恩正在船尾做杂工，一不小心跌进了大海里。他大声呼喊着救命，可惜根本没有人听到。轮船继续前进，他只能拼命地游着追赶轮船。

很快，罗恩用尽了力气，冰冷的海水快让他窒息了。在他感觉自己马上就要沉下去时想起了老船长，他坚信，拥有高尚品格的老船长一定会发现自己不见了，然后来救自己。想到这里，罗恩又燃起了活下去的希望。

果然，老船长发现罗恩不见后，断定这个孩子掉进了海里，于是下令掉头回去救人。水手们非常不理解：“已经过了这么久，海水冰冷刺骨，估计人早就死了。”

老船长听完犹豫了一下，最终还是决定回去找人。也有人质疑，为了救一个黑奴，这样做值得吗？老船长被激怒了，大喊：“你们都闭嘴！”

罗恩继续在海上艰难地游着，终于在沉没之前被救了起来。过了好久，罗恩醒过来了，老船长问：“孩子，你为什么能坚持这么久呢？”

罗恩笑着回答："我知道，您一定会回来救我的！"

老船长听完瞬间泪流满面，说道："孩子，是你救了我，我为自己那一刻的犹豫感到羞愧。"

在生命的紧要关头被信任，这是极大的荣耀。老船长为自己的犹豫感到羞愧，这是一种心灵的救赎。还好，当其他人质疑罗恩是否活着的时候，老船长坚定了返回营救的决心。如果当初不这么做，他可能要后悔一辈子。

得不到别人的信任会很痛苦。信任像一缕清风，能够吹散心灵的阴霾；信任像一条纽带，能够拉近彼此的距离。没有信任，人就会失去关爱，陷入无尽的悲观和失望中，失去活力。

由此看来，相信别人是一种智慧，猜忌他人无助于良好关系的建立。当你不被信任时，一定要反思问题出在哪里，想办法重建信任，尽快摆脱失信于人的尴尬和失落。

Chapter 22

一较真你就输了，一认真你就赢了

“执着”是对一个人的褒奖，然而过分执着就是“偏执”。偏执是一种过激的心理体验，如果长期得不到排解，就有可能成为一种人格障碍影响你的生活。

抛弃头脑中固有的偏见

单纯根据表象或片面的信息做出判断，很容易产生偏见。如果形成误判，作出与事实不符的决策，就会说错话、办错事。因为信息不全面误判还情有可原，如果因为心理上对别人存在偏见而误判，恐怕会吃大亏。

如果人们持偏见为人处世，就无法看清事物的真实面目，不仅会恶化与他人的关系，还可能给自己造成惨重的损失。有偏见的人喜欢先入为主，这种思维定式严重影响人们的认知，阻碍个人能力的提升。

此外，事物在不断发展、变化，如果用固有的眼光看待问题，也会形成偏见，作出错误决断。

卡尔是一个黑人小孩，从小生活在美国纽约贫民区。虽然美国的黑奴制度早就废除了，但是歧视黑人的观念仍旧根深蒂固。

十几岁的时候，卡尔因为在街上闲逛被警察抓进监狱，受到了非人的虐待。在监狱中，遭受打骂是常有的事。后来，他实在无法忍受，便越狱，之后去当了兵。

在部队里，卡尔苦练拳术，他认为只有让自己强大起来，才能不被欺负，卡尔的拳术大有长进。

退伍后，卡尔开始打比赛，一时间风光无限。他获得了一个又一个冠军，成了名副其实的拳王。卡尔本来应该过上安稳富裕的日子，没想到却再次遭遇了牢狱之灾。

卡尔被腐败的警察诬陷，被判终身监禁，因为他们觉得一个黑人拳王会给社会带来危险。在监狱里，卡尔拒绝穿囚服，因为他不认为自己是有罪之人，结果遭到一顿毒打。

起初，其他狱友都畏惧卡尔，认为他是一个定时炸弹，会随意伤人。然而，相处一段时间后，大家发现卡尔是一个很有爱心而且很负责的人，不久他们竟然成了朋友。

在《偏见的本质》一书中，美国社会心理学家戈登·奥尔波特对“偏见”有过描述，说它是“没有充分理由而消极地评价他人”。显然，白人对黑人的认识还停留在黑奴时代，不去查清真实情况就妄下论断，结果形成了错误的认知，给当事人带来了巨大灾难。

令人担忧的是，很多人并没有意识到自己头脑中固有的偏见，仍旧在错误的道路上越走越远。

想要抛弃头脑中固有的偏见，就要学会谦虚待人，掌握科学思考的方法。此外，还要学会用发展的眼光看问题，主动全面地了解外面的世界。

努力让自己成为一个理性、客观的人永远都不晚。在漫长的人生中，没有偏见，你才能看到更多美丽的风景。

不因直性子而四处碰壁

世界上的人千差万别，性格各不相同，即便是双胞胎也有差异。有人活泼好动，有人文静如水，有人幽默，有人深沉……在众多个性中，直性子给人爱憎分明、直截了当的印象，似乎成了耿直、诚实的代名词。

心无他物，直来直去，这种性格在人际交往中很受欢迎。然而，凡事过犹不及，有的人口无遮拦，因直性子处处碰壁，尝尽了苦头。

心性耿直本来是优点，但是如果不分场合、时间的耿直，就会把局面搞砸。有的人不在意处世的方法，总是由着性子与人交际，稍微不合自己的心意就大动肝火，这与其说是性格耿直，不如说是心性偏执，缺乏诚意。

从心理学角度分析，直性子太在乎自己的感受，而忽略了他人的接受程度，有点自私。直来直往、快人快语，实际上是不能自如掌握个人情绪的表现。一个不能控制自己情绪的人，很难在事业上有所作为。遇事沉着镇静，方能处理好各种情况。

麦克和汤姆是一起长大的好朋友，两个人都是直性子，有什么说什么。在同学眼里，他们显得个性十足，然而，参加工作后，他们却有了不同的境遇。

一开始，两个人在工作中仍然直来直去，心直口快。然而，麦克很快就调整了待人接物的方式，时刻注意控制自己的情绪。

表面上，麦克还是那个直爽的年轻人，但内心已经成熟起来。开会的时候，麦克从不轻易讲话，也不随便评价同事的行为，而是深思熟虑，做好充分准备之后才发言。说话的时候，他也措辞得当，言语婉转，上司和同事都很喜欢他。

而汤姆在工作中没有丝毫改变，对任何人都直言不讳。开会时，只要听到和自己想法不同的意见，或者自认为不对的地方，他就会直接打断对方加以“纠正”。虽然有时候汤姆说得很对，但是他的做法却令人难以接受。时间一长，大家都开始躲着他。

一个人有多大的成就，不仅取决于个人能力，也与情商有很大关系。懂得控制自己的情绪，能够区分场合说话办事，这样的人能妥善处理各种关系和事务，赢得人心。反之，心性耿直又不懂得收敛，由着自己的性子做事，不考虑他人的感受，自然无法得到他人的认可。

麦克和汤姆的经历说明，不带着偏执情绪做事是多么重要。直言不讳地提出观点，且不太讲究场合，这种人在职场上往往很难有大作为。个性耿直的人很容易被误解，就是因为他们缺乏照顾他人感受的能力。

让不熟悉的人误解你，而你还在执拗地指责对方，还有比这更愚蠢的做事方法吗？如果你是个性耿直的人，那么现在请开始锻炼自己的情绪控制能力。

高情商的人懂得照顾对方的感受，为人处世让人感觉舒服。为争一时之快出口伤人，是低情商的表现。学会隐藏不良情绪，懂得控制个人情感，在职场才会更顺利。

有些事情不能太较真

“认真”和“较真”虽然只有一字之差，但是却代表了两种完全不同的心理。认真的人专注于事情的完整性、正确性、合理性，所以办事效率高。而较真的人则痴迷于事情的死角、细枝末节，所以办事容易一叶障目，效率低下。

过于较真，是一种心理疾病。过于执拗，喜欢钻牛角尖，做事不懂拐弯，揪着一件事不放，这样既会伤害你与他人的关系，也会影响你的心情。

我们一生要经历很多事，如果事事较真，既没那个时间，也没那个精力，而且会在较真中错过更重要的东西。学会区分不同情况，对症下药，该认真的时候滴水不漏，该放松的时候一笑而过，才能把事情处理得圆满妥当。

乔伊是一名演员，在一家经纪公司上班。有一次，经理请所有员工到家中吃饭，还专门从纽约运来了龙虾。因为工作人员一时疏忽，龙虾竟然少了一份，正好没有乔伊的，乔伊看到大家吃得津津有味，非常生气。

谁都没有想到，他居然走到经理面前，夹起盘子中的龙虾大口吃起来。这种行为简直是挑衅，自然引来了经理的不悦，场面十分尴尬。

过了一段日子，公司因为几个剧本没做好，资金紧张做出了裁员的决定，乔伊成了被裁的对象之一。

其实，那次聚餐是一场误会，可乔伊却放不下，非要给经理难堪。最后，虽然经理丢了面子，但乔伊也丢了饭碗。

如果不能放下偏执，就会走入死胡同，在处理感情问题时，尤其如此。在婚姻关系中，夫妻双方经常因为生活中鸡毛蒜皮的小事纠缠不清，到头来弄得自己疲惫不堪。实际上，生活不就是由这些琐碎的小事组成的吗？如果事事计较，无疑会给平静的生活带来麻烦，谁心里都不好受。

劳拉经常和丈夫吵架，原因就是两个人都喜欢较真，彼此都不懂得谦让。没有人肯主动低头，矛盾自然就不可避免了。

有一次，两人准备出门，丈夫对劳拉说："亲爱的，我们今天去吃法国大餐吧！"

劳拉生气地说："为什么？法国菜那么贵！"

丈夫神秘地说："今天是我们结婚十周年纪念日啊！"

劳拉一听更生气了："纪念日是后天，你怎么能记错呢！"

"不对，就是今天！"丈夫坚信自己没有说错。

两个人争来争去，谁也不肯退让。最后，劳拉气得跑进屋拿出结婚证，一定要让丈夫看上面的日期，而丈夫则甩门而去。

这件事到底该怪谁呢？其实，两个人都有错。因为一时的争执，两人不仅错过了一个美好的夜晚，还伤害了夫妻感情，何必呢？

不涉及原则性的问题，睁一只眼闭一只眼睛就过去了，不要抓着问题不放，忽略对方的感受。凡事对人宽容一些，包容他人的失误和缺点，就会收获融洽的关系，彼此的心情自然轻松快乐。

"较真"是一种强迫情绪，迫使别人按照自己的意图行事。现实很